服装设计师的
68堂时装画
必 修 课

球里路 编著

人 民 邮 电 出 版 社
北 京

图书在版编目（ＣＩＰ）数据

服装设计师的68堂时装画必修课 / 琭里路编著. --
北京 : 人民邮电出版社，2020.5（2020.6重印）
ISBN 978-7-115-52770-7

Ⅰ．①服… Ⅱ．①琭… Ⅲ．①时装－绘画技法 Ⅳ．
①TS941.28

中国版本图书馆CIP数据核字(2019)第268347号

内 容 提 要

　　这是一本讲解时装画表现技法的专业教程。全书共 7 章：第 1 章讲解时装画的基础知识，第 2 章讲解人体的表现技法，第 3 章讲解不同服装单品的表现技法，第 4 章讲解不同细节装饰的表现技法，第 5 章讲解不同功能性服装的表现技法，第 6 章讲解不同纹样服装的表现技法，第 7 章讲解不同材质服装的表现技法。本书以罗列的方式呈现了 68 个时装画知识点，大部分知识点都有相应的案例进行实战演练，方便读者快速、直观地掌握时装画的绘制技巧。

　　本书适合服装设计相关专业的学生和服装从业者阅读。

◆ 编　　著　琭里路
　　责任编辑　王振华
　　责任印制　马振武

◆ 人民邮电出版社出版发行　　北京市丰台区成寿寺路 11 号
　　邮编　100164　　电子邮件　315@ptpress.com.cn
　　网址　http://www.ptpress.com.cn
　　北京东方宝隆印刷有限公司印刷

◆ 开本：787×1092　1/16
　　印张：14.75
　　字数：550 千字　　　　　　　　　2020 年 5 月第 1 版
　　印数：4 001 – 9 000 册　　　　　2020 年 6 月北京第 2 次印刷

定价：99.00 元

读者服务热线：(010)81055410　印装质量热线：(010)81055316
反盗版热线：(010)81055315
广告经营许可证：京东市监广登字 20170147 号

前言

大家好，我的笔名是琭里路，取自真名李璐璐的颠倒顺序及谐音，现在是一名插画师。大学专业是服装设计与工程专业，毕业后做过两年的服装设计师，业余时间画过一些时装插画并发布到网上，没想到意外收获了一些关注。惊喜之余，在经过反复思考之后，我决定踏上自由插画师这条路。

我认为，每个阶段的学习都是必要的过程。大学时期我可能与很多朋友一样，对时装画的理解是要有个性并与众不同。当时参加过一些时装画和服装设计比赛，获了很多奖，觉得自己很不错，直到从业时才发现，自己对时装画的理解非常片面，画的东西华而不实。在绘制了大量的款式图后，对服装的结构和服饰设计的审美都有了新的理解和感悟——想要画好时装画，还是需要踏踏实实地练好基本功，尊重服装的廓形和设计，将服装的效果完全表达出来。有自己的风格固然是好事，但没有稳固的基础，时装画就像没有地基的空中楼阁，一眼看上去炫目，仔细看却经不住推敲和回味。在从业的7年时间里，我画过很多插画稿，大多与时尚题材有关。由于对服装的结构和细节有一定的理解，因此在人物的塑造上也会更有把握，这也使我在绘制插画时更注重细节和美感的表达。

这是一本全面讲解时装画的技法书，书中包含了时装画的基础知识、人体的表现技法、不同单品的表现技法、不同细节装饰的表现技法、不同功能性服装的表现技法、不同纹样服装的表现技法和不同材质服装的表现技法。本书侧重于画面的设计感和整体感的表达方式，以及使画面看起来更有质感和美感的表现技法。本书是我耗时一年半精心编撰的，过程不易。原本准备了很多的内容，但为了方便大家的学习，经过精简优化，并对知识点做了进一步的归纳与提炼，因此形成这样一本"干货"满满的教程。

我非常享受创造美好画面的过程，在时装画上，我愿意花时间做大量的练习和研究。非常开心有机会能把自己总结的时装画绘画经验分享给大家，愿广大读者看完这本书之后都能有所收获，谢谢大家的支持。

琭里路

资源与支持

本书由"数艺设"出品,"数艺设"社区平台(www.shuyishe.com)为您提供后续服务。

◎ 配套资源

典型案例的绘制过程视频

资源获取请扫码

"数艺设"社区平台,为艺术设计从业者提供专业的教育产品。

◎ 与我们联系

我们的联系邮箱是szys@ptpress.com.cn。如果您对本书有任何疑问或建议,请您发邮件给我们,并请在邮件标题中注明本书书名及ISBN,以便我们更高效地做出反馈。

如果您有兴趣出版图书、录制教学课程,或者参与技术审校等工作,可以发邮件给我们;有意出版图书的作者也可以到"数艺设"社区平台在线投稿(直接访问 www.shuyishe.com 即可)。如果学校、培训机构或企业想批量购买本书或"数艺设"出版的其他图书,也可以发邮件联系我们。

如果您在网上发现针对"数艺设"出品图书的各种形式的盗版行为,包括对图书全部或部分内容的非授权传播,请您将怀疑有侵权行为的链接通过邮件发给我们。您的这一举动是对作者权益的保护,也是我们持续为您提供有价值的内容的动力之源。

◎ 关于数艺社

人民邮电出版社有限公司旗下品牌"数艺设",专注于专业艺术设计类图书出版,为艺术设计从业者提供专业的图书、U书、课程等教育产品。出版领域涉及平面、三维、影视、摄影与后期等数字艺术门类,字体设计、品牌设计、色彩设计等设计理论与应用门类,UI设计、电商设计、新媒体设计、游戏设计、交互设计、原型设计等互联网设计门类,环艺设计手绘、插画设计手绘、工业设计手绘等设计手绘门类。更多服务请访问"数艺设"社区平台(www.shuyishe.com)。我们将提供及时、准确、专业的学习服务。

目录

第2章

人体的表现技法

第 7 章

不同材质服装的表现技法

作品赏析

第 6 章

不同纹样服装的表现技法

第 1 章

时装画的
基础知识

01 时装画的不同风格

时装画的风格是多种多样的。在表达不同时装画氛围的时候，我们可以尝试选用不同的风格进行创作，让绘制的效果更理想，表达更到位，并且激发出更多的想象力与创造力。

剪影风格

剪影风格即服装的逆光剪影效果，一般为亮色的背景和暗色的主体。剪影画面形象的表现力取决于形象动作的鲜明轮廓，放弃了对细节与质感的深入刻画。剪影风格时装画的创作方式简单，一般分为两种：一种是将深色的纸剪成暗影的时装轮廓，然后贴在浅色的纸上；另一种是在浅色的纸上勾出轮廓，然后将轮廓线内的部分涂暗。

由于剪影凸显时装轮廓的特性，因此适合表达极简主义的时装风格。剪影风格的时装画画面整体性强，对比强烈，简约大方。剪影风格除了用于时装画的表达，也常作为平面广告的时尚素材。

在时装画的绘制中，我们可以运用剪影风格将服装图案概括成剪纸似的块面，然后将人物整体的皮肤留白，让画面中亮面与暗面的对比鲜明，突出时装的印花图案。

卡通漫画风格

在时装画绘画中，我们可以借鉴卡通漫画的表现形式，让画面简约，让人物夸张饱满。人物可以是可爱的、冷峻的、搞笑的，也可以是简约的、复杂的。还可以打破人物的比例，将卡通漫画的表现技法应用到时装画的设计和表达中。

卡通漫画风格的时装画画面信息传达直接，极具代入感，整体画面也非常讨喜。卡通漫画也是很多服装设计师的灵感来源，可用于诠释俏皮风趣和带有特殊情绪的设计作品。另外，卡通漫画风格也常作为时尚插画的表达形式。

草图风格

　　草图风格是用概括性的线条和概括性的色块来表达时装画，其简练的绘画语言能快速表达设计者的意图和灵感，在服装设计中被广泛使用。

　　因为草图风格具有自然洒脱的特性，所以在绘制时装速写、记录设计灵感和勾勒草稿时可运用。

写实风格

　　写实风格是以实体照片为参考，通过详细地刻画时装的细节、人物的精神气质、时装的整体氛围和周围环境等来表达画面。绘制写实风格作品的时间较长，因此表达的时装质感更为细腻，但容易让画面缺乏灵气，表达方式稍显呆板。

　　写实风格可以突出人体的质感和时装的细节，它除了可以用于时装画的表达，在图书封面和插图中也很常见。

装饰风格

　　装饰风格是让画面更具有装饰性的一种表达形式。装饰风格的画面饱满，更具有故事性。人物服装的颜色与画面其他部分的颜色协调搭配，颜色均匀，富有层次。

　　装饰风格的颜色搭配丰富，画面饱满，除了可以运用到时装画中，还可以运用到与时装相关的平面广告、图书插画和时尚包装中。

个人风格

　　个人风格是服装设计师用自己的绘画风格和绘画语言来表现时装画效果，这样的作品具有浓郁的个人风格，可作为表现服装设计师设计水平的重要依据。

　　为了突出自我的个人风格，服装设计师将个人风格的作品运用到时装画或时装设计的系列创作中。

02 时装画的设计用图

　　时装画的设计用图包括设计草图、服装效果图和服装款式图，也可以将这3种设计用图的排列顺序理解为服装设计的流程。先用草图将服装灵感记录下来；再根据灵感详细描绘服装效果图，将服装效果进行展示；然后根据服装效果图绘制出详细的款式图，交代服装前后的设计细节和工艺。

设计草图

　　设计草图是一种表现设计意识的图，是服装设计师用快速、简洁的方式对思维灵感的记录。在绘制草图时，可适当对人物进行简化处理，同时不必拘泥于画材，可以用最简单的方式绘画，并且线条要简洁、有力量感。

服装款式图

　　服装款式图是指以平面图形表现服装的正反面，并含有细节说明的设计图。服装款式图的绘制是服装制作流程中重要的一环。在绘制款式图时，要根据人体的结构和比例进行绘制，线条要保持清晰、流畅，虚线和实线要分明。在款式图中，虚线一般表示的是缝迹线，有时也表现装饰明线；实线一般表示裁片分割线或外形轮廓线。在制版和缝制时，虚线和实线有着完全不同的意义，因此一定要有文字说明，例如特殊工艺的制作、装饰明线的距离和线号的选用等。

款式图 前　　　　　　　款式图 后

彩色款式图　　　　　　彩色款式图说明

服装效果图

　　服装效果图是一种展现服装全貌的表现图，要求能准确、清晰地表现服装的设计意识、穿着效果和服装质感。在绘制效果图时，人体动态必须保持平稳，以站姿为佳，这样才能充分表现服装的效果。另外，可以对人体比例进行适当的夸张处理，使之达到理想的效果。

03 时装画的绘画工具

下面将绘画工具按起稿、勾线、上色和完稿4个绘画步骤来进行分类，这样可以明确每个步骤需要准备的工具。

起稿工具

如果把画一张时装画比喻成"建房子"，那么起稿是时装画的地基，后期建得怎么样，要看前期地基打得好不好。了解起稿所需要的工具，能够帮助我们将地基打得更好。

传统铅笔

传统铅笔的颜色深浅是以B为级别划分的，常见的有HB、B和2B等，数字越大，颜色越深。HB铅笔的硬度高，顺滑度较好，颜色较浅；2B铅笔硬度较低，顺滑度一般，颜色较深。

自动铅笔

自动铅笔能够画出清晰细腻的线稿，极小的细节也能表现清楚，是时装画起稿常用的工具之一。铅芯型号分为0.3mm、0.5mm、0.7mm和0.9mm，笔者常用的是0.3mm和0.5mm。

HB橡皮

在选择橡皮时，可以选用专业的绘图橡皮，它可将画面擦得很干净，且非常耐用。

电动橡皮

电动橡皮比手动橡皮更方便和省力。电动橡皮的笔芯可以更换，笔身有一个按钮，按住该按钮即可擦拭铅笔线稿。

高光橡皮笔

高光橡皮笔如同自动铅笔，有橡皮笔芯可以替换。在绘制线条时，经常会画错，运用高光橡皮笔进行擦拭，可以很好地保留正确的线条，清理周围画错的线条。

直尺

直尺带有精确的直线棱边，在时装画绘画中，可以在起稿和绘制款式图的时候使用。

Tips 用直尺画出来的线条容易显得呆板，需注意线条的深浅变化。

弧形尺

弧形尺是一种拥有多种弧度的尺子，可以画出具有各种弧度的线稿。

Tips 用弧形尺画出来的线条容易显得呆板，缺乏节奏感，需注意线条的深浅变化。

打印纸

由于打印纸比较薄，吸水效果不佳，对马克笔的承受力差，因此一般多用于草图的绘制。

马克笔纸

马克笔纸又叫绘图纸，是马克笔绘画的专用纸张，纸张比A4打印纸厚，常用的尺寸也是A4的。进口的马克笔纸张的表面附着一层蜡，可以进行多次着色，叠加效果好。

水彩纸

水彩纸的表面有凹凸的纹理，吸水性强，较厚，可以制作很多特殊的效果。

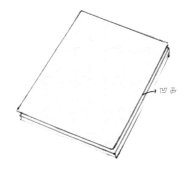

硫酸纸

硫酸纸又叫制版硫酸转印纸，纸质纯净，强度高，透明度好，常用于转印线稿和绘制款式图。

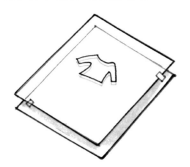

速写板

速写板是指用来垫画纸的画板。绘画时除了要有平整的桌子，还建议配备速写板，也可以用速写夹，方便携带。

垫板

垫板是放在桌子上的。放上垫板之后，可以防止裁剪纸张的时候划伤桌子，也可以防止绘画时马克笔的墨水浸染到桌子上。

拷贝台

拷贝台又叫透写台，一般由一个灯箱和一块毛玻璃或亚克力板组成，是描线稿的好帮手。

勾线工具

如果说打稿是打地基，那么勾线就是为房子添加"钢筋结构"的骨架。在这个过程中，勾线笔的性能决定骨架的形态，是重是轻，是虚是实，我们都要把控好。

中性笔

中性笔是中性墨水圆珠笔的简称，兼具自来水笔和油性圆珠笔的优点，书写手感舒适，油墨黏度低。在时装画绘画中，常用于速写和草图的绘制。

针管笔

针管笔是绘制图纸的基本工具之一，能绘制出均匀一致的线条，墨水速干，十分好用。但笔芯脆弱，不能太过用力，否则容易折断。针管笔分为 0.03mm、0.05mm、0.1mm、0.2mm、0.3mm 和 2.0mm 等多种型号，颜色也多种多样。

美工笔

美工笔是借助笔头倾斜度来制造粗细线条效果的特制钢笔，它被广泛应用于美术绘图和硬笔书法等领域。将笔尖立起绘制，可以画出细密的线条；将笔尖卧下绘制，可以画出粗厚的线条。由于美工笔使用的是碳素墨水，画出的线条很黑，因此很适合绘制以线条为主的时装画。

软头水彩笔

软头水彩笔的笔尖是由粗到细的，能画出灵动的线条。在勾勒物体外轮廓的时候，可以画出飘逸自由的效果。

> Tips 软头水彩笔可以绘制出由细到粗的线条，也可以绘制出由粗到细的线条，常用来表现头发的质感。

上色工具

如果说起稿是打地基，勾线是建骨架，那么上色可以理解为添砖加瓦。因为在画时装画时要表达时装的不同质感和氛围，所以在上色时用到的工具也会有所不同，就如同装修不同风格的房子要用不同的装修材料。了解上色工具的属性和上色效果，有利于更好地选择上色工具来表达时装画。

彩色铅笔

彩色铅笔分为两种，一种是水溶性彩色铅笔（可溶于水），另一种是油性彩色铅笔（不溶于水）。水溶性彩色铅笔有很强的遮盖力，在绘制时装画时，多用于服装细节的表达。

马克笔

马克笔是一种比较便捷的绘画工具。一般分为3类，即水性马克笔、酒精性（油性）马克笔和丙烯类马克笔。笔头也分为3种，即方头、软头和尖圆头。推荐使用酒精性（油性）马克笔，其上色效果更均匀。品质好一些的马克笔在经过多次的颜色叠加后，会达到水彩的混合效果，颜色也很干净、明亮，十分好看。

水彩画笔

水彩画笔大致分为平头和圆头这两类。大部分水彩画笔的笔头是用天然与合成材料制作的。在使用水彩画笔时，把控好水分和颜料的比例非常重要。

蜡笔

蜡笔是将颜料掺在蜡里制成的笔，颜色多样，笔触粗糙，适合描绘质感粗糙的物体。

色粉笔

色粉笔是一种用颜料粉末制成的干粉笔，一般为8cm~10cm长的圆棒或方棒的形态。它兼有油画和水彩的表现效果，具有独特的艺术魅力。色粉笔的色彩丰富、绚丽、典雅，很适合表现变幻细腻的物体，例如人体的肌肤和衣服的明暗变化等。

调色盘

调色盘是常用的调色工具，有塑料制、陶瓷制和金属制的，形状多为椭圆形和长方形。在使用调色盘时，最好按照颜色的深浅进行分区，这样颜色不易混脏，也不易变灰。

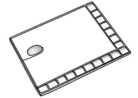

高光笔

高光笔的覆盖力强，在时装画绘画中，常用来绘制高光和花纹，也可以对画面的局部进行提亮。

遮蔽胶笔

遮蔽胶笔也叫水彩留白胶，是一种添加了色素的液体。当我们刻画浅色的细节图案时，常用遮蔽胶笔遮挡需要保护的区域，与水彩结合使用。

粘胶笔

粘胶笔可以画出清晰的线条和图案，在粘胶未干时，可以粘贴金粉、亮片和剪裁的图案素材。

水胶带

水胶带是裱纸的工具。裱纸后，纸张会非常平整，但如果裱不好，很容易损坏纸张。

纸胶带

纸胶带表面的材料为纸，其缺点是黏性不强，优点是撕下后不会有残胶。在时装画绘画中，可以将其作为面料粘贴在画面上。

金粉

金粉是金色粉末的塑料片，绘制亮片面料或富有金色光泽的面料时，可以将金粉粘贴在画面上，作为肌理装饰使用。

印章

印章是印于文件上表示鉴定或签署的文具。可以用印章印一些印花图案，作为时装画的装饰图案。

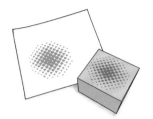

固体水彩颜料

固体水彩颜料含水量较低，呈凝固状态，一般为20mm×30mm或20mm×15mm的大小，放在小塑料盒或金属盒中。

管装水彩颜料

管装水彩颜料是用金属管盛放的水彩颜料，呈膏状。管装水彩颜料柔软，更易与水混合。如果想铺大面积的颜色，管装水彩颜料是比较好的选择。

> Tips 水彩颜料有两种特性，即颜料本身具有的透明性和遇水之后的流动性。水彩的透明度容易表现通透的画面效果。

完稿工具

经过打稿、勾线和上色的步骤后，我们要将画作变成电子图片，这就需要用到完稿工具。当然，也可以将完稿这个过程理解为调整和精修图片的过程，即用扫描仪或照相机提取时装画稿件，然后用计算机软件来修正。

扫描仪

扫描仪是利用光电技术和数字处理技术，以扫描方式将图形或图像信息转换为数字信号的装置。扫描仪能将图片、文稿、胶片和图纸等以图形文件的形式输入计算机。

照相机

照相机也可以用来提取时装画图像。在拍摄的时候，光线和聚焦非常重要。

04 时装画的构图方法

本节主要讲解画面的构图方法，学习这些构图方法可以更好地表达画面的内容，让画面更饱满、更丰富。下面为大家讲解中心线构图、对角线构图、曲线构图、三角形构图、框式构图、前后纵深构图和九宫格构图。

中心线构图

中心线构图是指人物或画面表达的主体在画面的中心线上。这种构图方式可以很好地表达画面的对称性，很适合表现大裙摆和廓形大的服装。

对角线构图

对角线构图是指人物或画面表达的主体在画面的对角线上。当画面出现对角线时，画面会有强烈的冲击感，并且观者的视线也会受对角线方向的牵引。因此，对角线构图适合表达具有气势和动感的服饰。

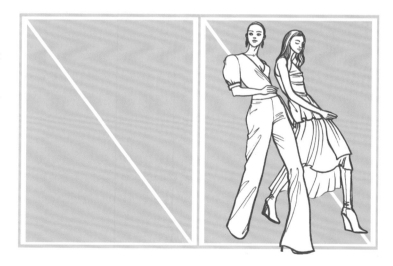

曲线构图

曲线构图是指画面由曲线分割开，人物或主体画面在曲线中。当画面出现曲线时，会带来婉转柔和、变化丰富的视觉效果。曲线构图可以很好地表达人物的秀发和裙摆。

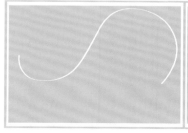

三角形构图

三角形构图是指画面的主体呈三角形。三角形构图是较简单而稳定的构图方式。在表现单人坐姿和组合人物时，会经常用到这种构图方式，这可以让画面更饱满，能更好地表达画面的主次关系。

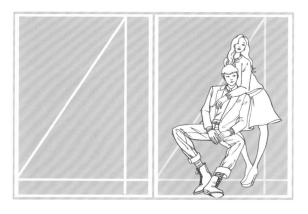

框式构图

框式构图是指利用一些道具或景物将主体对象限定在框物内，让视线集中在框物内，突出人物，让人物的表达更具有形式感。这种与景物互动的方式适合表达有张力的人物和有细节的时装画。

前后纵深构图

前后纵深构图是指有前后纵深效果的构图方式。这种构图方式多用于表达人物的前后关系和空间感强的画面效果。

九宫格构图

九宫格构图是指画面整体由九宫格分开，人物或画面的整体贯穿一条线或两条线，并将画面的重点放在九宫格的交叉点上。这种构图能够更加突出主体，视觉效果更加自然。在摄影作品中，经常会用到九宫格构图法。将这种构图法运用到时装画中，人物和服饰的表达会更加自然、更能突出重点。

05 时装画的配色技巧

色彩能引起我们的审美愉悦和情感共鸣。色彩可以传达故事性，深沉的色彩会营造出神秘的感觉，柔和的色彩可以营造出甜蜜、天真的氛围。在绘制时装画时，色彩的搭配非常重要。

饱和度和明度的表达

在右边的 3 张图中，以中图为基础进行调整。左图的饱和度高，图像整体突出且有前进感，适合表达春夏装的活力；右图的饱和度低，明度提高，图像整体柔和，适合表达秋冬装的深沉、内敛。在表达时装画时，适当调整颜色的饱和度和明度会增添画面的氛围，只要明度或饱和度有一点变化，时装画的质感也会随之改变。

提高饱和度　　　　　　提高明度

冷暖色的表达

冷暖色的配色比重决定画面色调的冷暖。在右边两张图中，第 1 张图中的橘色占很大面积，即使领子和袖口是绿色的，鞋是蓝色的，画面的色调依然呈暖色；第 2 张图中的蓝色占很大面积，即使领子和袖口是橘色的，鞋是粉紫色的，画面的色调依然呈冷色。在暖色中适当加入冷色，在冷色中适当加入暖色，形成的撞色会使画面更丰富，且不会改变整体的色调。

暖色　　　　　冷色

互补色的表达

互补色的对比很强，在颜色饱和度很高的情况下，可以表现出震撼的画面效果。下图中，将两个互补色的人物放在一起时，它们各自的色彩饱和度对比会非常强烈。

所谓"红配绿，丑得哭"，互补色的视觉冲击力大，显得扎眼。要想让互补色的颜色看起来和谐，要注意以下3点。

第1点，需注意互补的使用比例；

第2点，需注意互补的饱和度和明度；

第3点，适当利用间隔，从而缓解颜色太扎眼的问题。

下图使用了绿色和红色这组互补色，将绿色和红色的明度降低，并适当降低饱和度，使红色和绿色更和谐、自然。同时红色是以红格子的形式呈现，也达到了间隔缓冲的作用。在使用互补色的时候，要灵活地处理颜色，这样即使"红配绿"也会很时尚。

下图使用了黄色和紫色这组互补色，通过调整颜色的饱和度和明度来调和整体表现效果。将黄色和紫色的饱和度降低，并降低黄色的明度，让两种颜色都偏灰，从而让扎眼的互补色变得柔和而时尚。

互补色　　降低饱和度　降低明度

互补色　　降低饱和度　降低明度

06 时装画中马克笔的表现技法

用马克笔绘图是时装画绘画中较为快捷的表达方式。因为在使用马克笔时不用花时间调制颜色，且颜色易干，所以可以很好地表现点、线、面和花纹，画出衣物的质感。

排笔法

排笔法是指重复用笔进行均匀上色的方法，多用于大面积色彩的平铺，可以在水没干透时速涂，笔触会很匀称，不会留下太深的笔痕。排笔法常用于面料底色的绘制，同时可以绘制出水痕的质感，但需要画一笔停顿一下，待颜色干后再画下一笔。

折笔法

折笔法是指用笔画出N字形笔触的方法。在绘制时，可以向多个方向运笔，也可以在同一个方向来回地画N字形。折笔法多用于装饰画面背景和表现画面氛围。

扫笔法

扫笔法是指在运笔的同时快速地抬起笔，留下比较浅且过渡自然的笔触，尾端一般会有留白的效果。扫笔法多用于处理画面的背景边缘和需要柔和过渡的地方。

叠笔法

　　叠笔法是指将笔触进行叠加的方法，以体现色彩的层次与变化。在叠加颜色时，可以用横向的笔触表现，也可以用纵向的笔触表现。横向的笔触分明，纵向的笔触融合效果更佳，要根据画面需求来决定叠笔的方向。不同的颜色叠加之后会产生新的颜色。例如，粉色与黄色叠加之后会产生橙色，纯色与灰色叠加之后的颜色饱和度会降低，大家在具体绘画时可以多加尝试。

乱笔法

　　乱笔法没有固定的表现形式，笔触可以肆意挥洒，不局限于笔触方向，不追求规律性。乱笔法多用于画面收尾的阶段，笔触形态往往随创作者的心态而定，但要求创作者要对画面有一定的把控能力。通过调整画笔的角度、笔头的倾斜度和使用不同的力度，便能控制线条的粗细变化，创造出丰富的笔触效果。

点画法

软头马克笔适合勾画点和线等细节，笔者总结出了以下3种画点的方式，供大家参考。

点画小圆点： 用软头马克笔的笔尖以点画的方式进行绘制。将大点与小点组合，可得到一组点与点组合的图案。

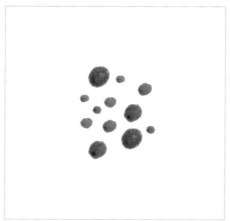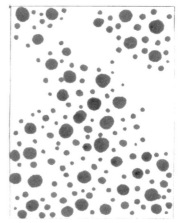

顿笔小雨滴： 用软头马克笔的笔尖向一个方向顿笔，向哪个方向顿笔，雨滴的圆肚就朝向哪个方向。将雨滴排列形成图案，可得到一组放射状的漂亮花纹。

顿点挑笔小流星： 用软头马克笔以点画的方式画一个圆点，然后用扫笔的方式画出一个形似流星的形状。可将流星进行排列，形成一个具有较强律动感的画面。

07 时装画中水彩的表现技法

水彩画是以水为媒介，调和颜料进行绘画的一种绘画方式。色彩具有透明的特性，能产生丰富的肌理效果。在时装画中，水彩能表达出更为细腻、通透的画面质感，特别适合打造梦幻的氛围。

平涂法

平涂法是最基本的一种涂色方法，笔头衔接，平行涂色即可。在使用平涂法时，要将颜色调和均匀，水量稍微多一些，这样颜色衔接起来才比较平顺，不会出现明显的水痕。在绘制时装画时，经常会使用平涂法绘制底色，可以让画面显得干净、整洁。

叠加法

叠加法是指在平涂的基础上再叠加一层色块，其明度会随着叠加的次数逐渐降低。在时装画中，绘制格子、条纹和印花等图案时，常用此方法。在绘制时，注意边缘轮廓要清晰，每层的颜色要均匀。

渐变法

渐变法是指通过改变颜色亮度或深浅变化来呈现色彩渐变效果的一种方式。如果画纸的吸水性好，并且能长时间保持湿润的状态，那么渐变着色的效果更明显。在绘制的时候，可先画出稍浓一些的颜色，然后蘸取少量的水，再在画纸上左右运笔，这样可以使颜料和水不断渗入画纸。

湿画法

　　湿画法是指将颜色画在湿润的画纸上,让颜料自然扩散后形成柔和的色调,从而产生梦幻般的画面效果。在绘制的时候,可以先将水彩纸打湿,然后上色,此时可以选择点染的方式上色,极具氛围感。在绘画的过程中,要注意纸的湿润程度。如果画纸过湿,会形成水渍,颜色则会漂浮在水渍中;如果画纸过干,则无法画出颜色蔓延的效果。在绘制时装画时,会经常使用湿画法渲染画面的氛围。

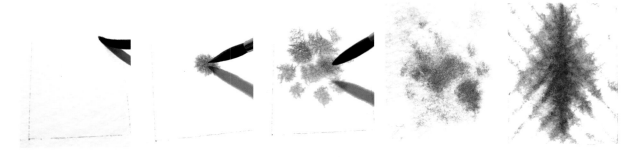

干擦法

　　干擦法是利用画纸的凹凸表面,用含有少量水分和少量颜料的笔头在画面上进行摩擦,画出画笔笔触的效果。可选用平头笔刷,将笔立起或倾斜绘制,然后有节奏地运笔,绘制出笔触的效果。在时装画中,我们可以用这种方法来刻画粗糙的面料。

湿破湿画法

　　湿破湿画法是指先用大量的水画出要着色的形态,然后在此区域内进行着色,让颜色慢慢在水中散开。在绘制时装画时,我们可以用这种方法绘制图案或背景,会产生一种梦幻和写意的效果。

  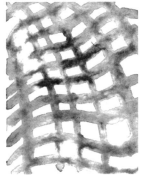

喷溅法

喷溅法是指在画纸上进行喷涂的方法。在作品上添加色彩和点滴的效果，能让画面产生一种梦幻的氛围。在绘制的时候，可先准备一支牙刷，然后用牙刷蘸取调好的颜色，接着握紧牙刷杆并用大拇指拨动牙刷毛，便可喷溅出很细小的色滴。除了用牙刷，还可以用滴管、针管和画笔等工具作为喷溅的工具。在时装画中，我们常用此方法加强画面的氛围，在绘制一些特殊的面料时也会用到此方法，例如绘制星空图案的面料等，绘制的效果能让画面更加唯美、梦幻。

留白法

留白法是水彩画中一种重要的技法，是指在绘制的过程中在画面上留出白色的形态。由于水彩本身具有流动性，如果是手动留白，会难以操作，因此常用的方法是用遮蔽胶笔和蜡笔等工具将需要留白的地方画出来，这样留白的效果会更自然。

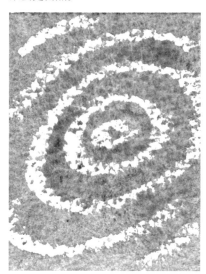

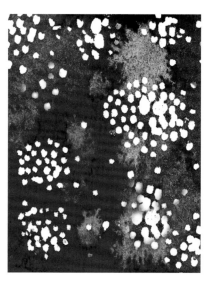

撒盐法

　　撒盐法是画水彩画的辅助方法。如果使用得当，可以得到意想不到的纹理效果。在绘制的时候，可以先打湿纸面，然后趁画面湿润的时候撒上盐，待盐溶解后，就会出现微微发白的效果。在使用撒盐法的时候，需要注意两点：一是颜料中需含有一定的水分，二是颜色需明亮。另外，还要考虑画面的干湿程度，如果画面过湿，颜色会流动得过快；如果画面过干，盐分可吸收的范围就会变小，花纹也就会变小。

滴酒精法

　　在要完成的画面上滴洒酒精，这会使滴洒酒精的区域的颜色散开，形成非常好看的肌理效果。注意，在滴洒酒精时，要考虑画面的干湿程度，如果画面过湿，刚滴洒酒精时肌理效果会很明显，但画面水分干后肌理效果就会消失；如果画面过干，滴洒酒精之后的画面不会发生任何变化。

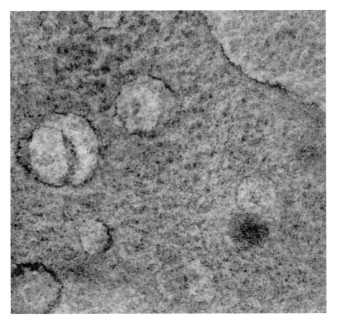

印章叠加法

　　作者很喜欢制作印章，所以也很喜欢收集各种各样的印章。当我们调和好水彩颜色后，可用印章印在画面上，并通过多次叠加的方式，制作出一些好看的纹样。

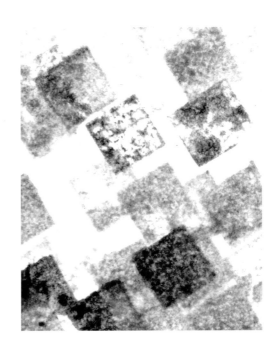

第 2 章

人体的
表现技法

08 认识人体的骨骼和比例

一般成年人共有206块骨头，骨骼与骨骼之间是通过关节和肌肉相连的，通过关节的活动能产生不同的人体动态。因此，在绘制时装人体时一定要了解人体的骨架和肌肉组织结构。在时装画中，所有骨点都能从画面中观察到，将骨骼理解得越清楚，对人体的表达就越有力度。

> **Tips** 正面或背面的人体是左右对称的，侧面站立的人体则不然，其呈现出来的形态是S形。在画的时候，需注意侧面骨骼所呈现的身体弧度，要将骨点表现到位。

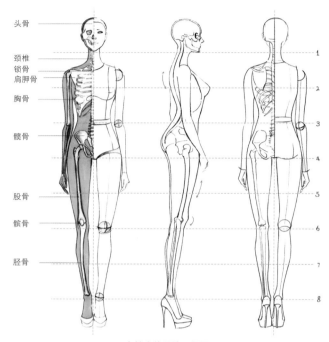

女性人体骨骼三视图

在绘制时装画时，要确保人体比例的准确性。为了体现时装画的美感，一般会对人体比例进行适当的夸张处理。学过画画的人应该清楚，速写中常用的人体比例是6~7头身。但在时装画中，常用的人体比例是8.5头身，其中，第2个头线与胸围线重叠，第3个头线与腰线重叠，第4个头线与臀线重叠，第5个头线在膝线与臀线之间的大腿中部，第6个头线与膝线重叠，第7个头线在小腿中间，第8个头线在脚腕处。当模特穿着高跟鞋时，能达到9头身的比例效果。

> **Tips** 在绘制草稿的时候，可以结合人体比例将胸、腰、臀和膝等关键部位用线条表示出来，然后逐渐记住这些节点。在绘制的时候，不用过于公式化，只要大体的比例关系正确即可。

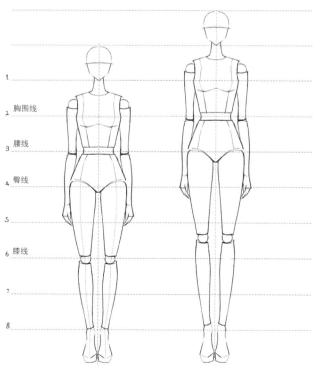

站立的人体比例

09 归纳人体的结构

在绘制人体的过程中，我们可以用简约的图形对复杂的人体结构进行归纳。这样能够帮助我们更迅速地找到人物的动势，让人体的刻画更省时。

在归纳人体结构的过程中，可以将头看作是一个椭圆形，将颈部看作是一个圆柱形，将肋骨部分看作是一个梯形，将肩部看作是一个球形，将上臂看作是一个圆柱形，将骨盆看作是一个梯形，将前臂看作是一个圆锥形，将大腿看作是一个圆锥形，将手掌看作是一个菱形，将小腿看作是一个圆锥形，将脚看作是一个锥形，这样有利于清晰、快速地了解人体的结构。

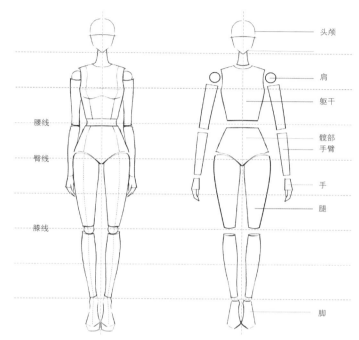

用图形归纳人体的结构

男女身体结构的绘制方法也有所区别。在绘制女性时，可以将线条画得纤细、优美一些，用圆润的线条表现；在绘制男性时，可以将线条画得厚重一些，用饱满而壮硕的线条表现。

女性体态

男性结构的归纳及人体线稿对比

10 绘制人体结构辅助线

人体结构辅助线是描绘人体结构时的"框架"线。在后期绘制服装画的时候，也是重要的参考线。人体结构辅助线主要有领围线、肩线、前后中心线、胸围线、公主线、腰线和臀线。

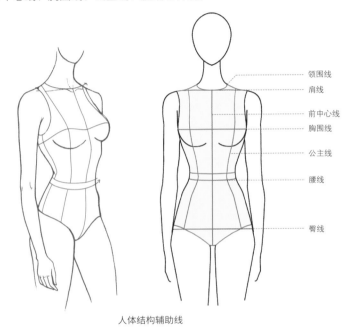

领围线
肩线
前中心线
胸围线
公主线
腰线
臀线

人体结构辅助线

当人体活动时，人体结构辅助线也会发生变化，因此在描绘时需注意人体的透视关系，适当调整辅助线的弧度。

动态结构三视图

11 人体的基本表现技法

下面为大家讲解人体的基本表现技法。在绘制之前，先来了解人体的特征。由于男女的人体特征不同，服装结构也会有所差异，因此需要了解男女身体结构的差异，以画出不同的人体特征。

了解人体的特征

男女的外形轮廓和身体特征存在较大的差别。

男性：骨骼粗壮，线条硬朗，颈部粗而短，肩部宽阔、结实，臀围较窄，躯干部分呈明显的倒三角形。腰宽与臀宽相近，使得侧腰弧度变化较小，呈直筒状。腰线和背部显长，上半身的比例相对较大。

女性：骨骼纤细，线条柔美，颈部细长，肩部窄，骨盆宽大，臀围较宽，躯干部分呈葫芦形。侧腰弧度大，腰线明显，上半身的比例相对较小，下半身的比例相对较大。

男性身体结构是上宽下窄，呈倒梯形，腰线平直；女性则是腰细臀宽，呈漏斗形，曲线感强。

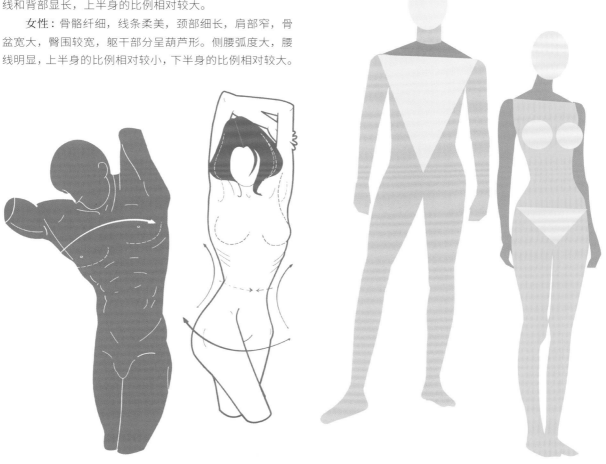

男女躯干差异对比　　　　　　　　　　　　　　图形化人体

案例：抚发的女子

在绘制人体之前，要先绘制中心线，再找到动势线，然后在动势线的基础上用图形概括人体，最后完善轮廓线，即可得到想要的人体线稿。这种画法适用于人体的练习，能够加强我们对人体的概括能力，以更快地掌握人体比例，抓住人体的动势。

> **Tips** 在绘制之前，要确定好人体的比例，女性人体约8.5头身，如果穿了高跟鞋，可以达到9头身。先绘制中心线和动势线，然后用图形概括人体结构，接着绘制人体的外轮廓。注意，在画的时候要表达出女性的柔美和纤细之感。

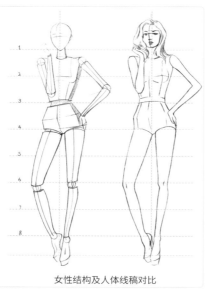

女性结构及人体线稿对比

01 画出人体的中心线，确定好肩线、腰线和臀线的位置，交代出人体的动势线，简单地概括出人体的动态。

> **Tips** 在绘制人体时，不能出现太多软绵的线条，尤其当画到骨点时，要用硬朗的线条表现。

02 用图形概括人体，交代清楚关节的位置，描绘完整的躯干结构，表达出人体的立体感。

> **Tips** 在起稿时，可以将线条画得轻一些。如果画得太实，后期清理起来会比较麻烦。

03 清晰地描绘外轮廓线，然后擦去结构辅助线。在勾线时，注意刻画出自然的肌肉弧度。

04 添加一些淡淡的颜色，简单地表现人体的明暗关系，完成绘制。

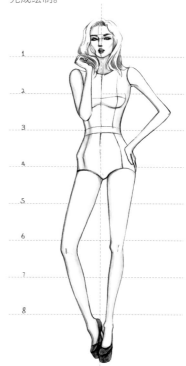

12 头部的表现技法

每个人的头部特征都是不一样的。头部可以体现人物的外在特点，例如脸部轮廓、五官、表情和发型等，都能表现出这个人物的特点。如何表现头部，这就需要大家对人物的头部有一个清晰的认识。

了解头部的特征

头部的结构非常复杂。头发和五官都是刻画的难点。相对于女性来说，男性的脖子更粗，下颚更大，线条更粗犷。但女性头部的刻画更难，之后的内容会多围绕女性头部进行讲解。

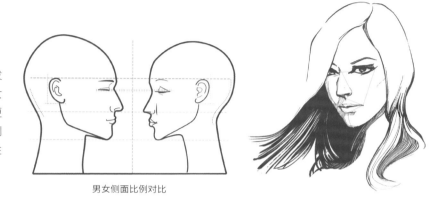

男女侧面比例对比

◈ 头部的比例分析

头部的外形像一个圆球架在三角形的下巴托框中。将头部一分为二，并画一条辅助线，辅助线所在的位置就是眼睛的大体位置。

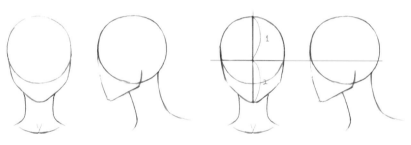

正侧面的头部

根据"三庭五眼"找到面部五官的位置。"三庭"是指脸的长度比例，把脸的长度分为3等份，从前额发际线到眉骨，从眉骨至鼻底，从鼻底至下颏，各占脸长的1/3。"五眼"指脸的宽度比例，以一只眼睛的长度为单位，从左侧发际线至右侧发际线，将脸的宽度分为5等份，每一等份为一只眼睛的宽度，共为5只眼睛的宽度。其中，两只眼睛之间的距离为一只眼睛的宽度，两眼外侧至两侧发际线的距离各为一只眼睛的宽度。

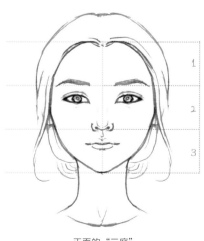

正面的"三庭"

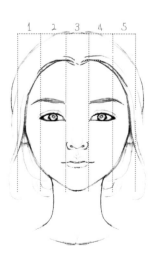

正面的"五眼"

头部的透视分析

在绘制头部时，常常是以平视的角度绘制的，但遇到俯视和仰视这种特殊的角度时，就要学会透视分析，掌握透视的规律，能使绘制的人物更自然、生动。

透视的特点

透视主要有以下3个特点。

特点1：近大远小。两个相同的正方体，离我们视线近的看上去会更大，离我们视线远的看上去会更小。

特点2：近宽远窄。虽然同一个正方体的边长是一样的，但近处的线段比远处的线段看起来更长。

特点3：近实远虚。距离我们越近的物体，看起来越清晰；距离越远的物体，看起来越模糊。

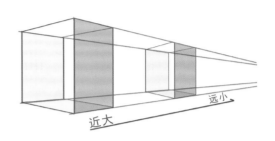

透视参考线

在表达头部的时候，透视的角度很小，因此不需要对透视进行夸张处理，画出真实的透视参考线即可。

如果不是画平视的视角，五官的参考线就是带有透视的弧度线。但要注意的是，即使画带有透视的参考线，也要让参考线保持一定的平行关系。

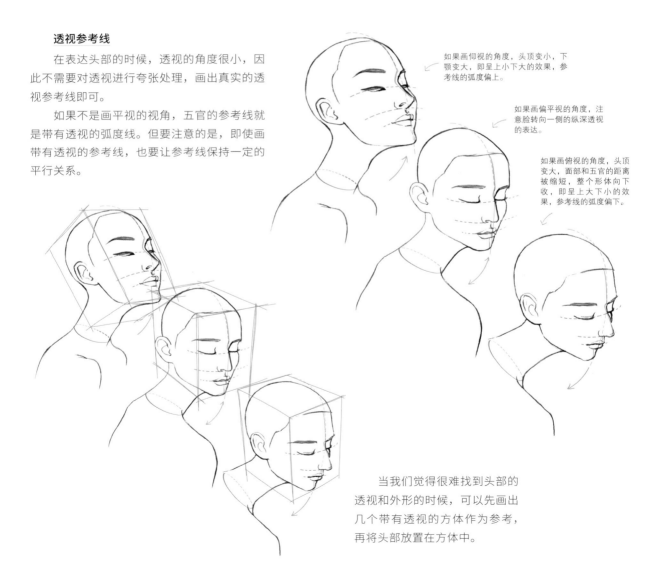

如果画仰视的角度，头顶变小，下颚变大，即呈上小下大的效果，参考线的弧度偏上。

如果画偏平视的角度，注意脸转向一侧的纵深透视的表达。

如果画俯视的角度，头顶变大，面部和五官的距离被缩短，整个形体向下收，即呈上大下小的效果，参考线的弧度偏下。

当我们觉得很难找到头部的透视和外形的时候，可以先画出几个带有透视的方体作为参考，再将头部放置在方体中。

案例：3/4侧面女生头像

接下来为大家示范3/4侧面女子头像的画法，并进行简单的上色，以塑造头部的立体感。

01 用自动铅笔绘制线稿，先画出面部的轮廓，然后参考面部的中线和"三庭"的辅助线画出五官。要注意脸部和眼睛的透视关系，如果将左脸和左眼画大了，整个面部的透视就会出问题。

02 细化线稿。用橡皮擦掉面部的中线和辅助线，用线条自然地勾勒细节，注意近实远虚的原则。

03 用黑色和灰色系的马克笔进行上色。着重表现离我们视线较近的半边脸，远处的眼睛不要画得太实，依然要塑造近实远虚的关系。

面部:

COPIC N3

COPIC N1

头发:

COPIC W7

COPIC N5

COPIC W5

04 用马克笔晕染脸的暗部，让脸部的灰色更柔和，然后用针管笔进行勾线，在亮部适当点一些高光，同时要注意线条的轻重和虚实的表达。用针管笔勾线之后，画面的黑白灰关系会更加分明，五官会更加精致、立体。

COPIC N1

樱花针管笔0.1mm黑色

樱花白色高光笔

13 眉眼的表现技法

眉眼在五官中的位置尤为突出，最能表达人物的情绪。因此，在绘制时，需要表现出眉眼的特征，突出人物的气质，让人物更具时尚气息。

了解眉眼的特征

眼睛的高度与眉毛至眼睛的距离的黄金比例是 1：1.6。在绘制眉眼的时候，不一定要按照 1：1.6 的比例进行绘制，但大致的比例关系要做到心中有数，不要将眉毛画得太低，否则眉眼的比例效果不美观。

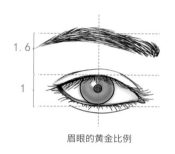

眉眼的黄金比例

◎ 眉毛的结构与比例

眉毛的3个定位点为眉头、眉峰和眉尾。眉头在鼻翼和内眼角的延长线上；眉腰是眉峰与眉头的中点；眉峰位于眼球外缘与后眼角之间，是整条眉毛最高的位置，约在眉毛的后1/3处；眉尾在鼻翼与外眼角的延长线上。眉头与眉尾大约在一条水平线上，一般眉尾高于眉头。把眉头、眉峰和眉尾的位置确定好后，便可在这个框架的基础上画出好看的眉毛。

◎ 眼睛的结构与比例

眼睛位于眼窝里面，眼球则类似球体，被带有睫毛的上下眼睑包裹着，暴露在外的部分由瞳孔、虹膜和巩膜组成。瞳孔是眼睛内虹膜中心的小圆孔，一般颜色较深，是描绘眼神不可缺少的细节。虹膜俗称"黑眼球"，有辐射状条纹褶皱，被称为虹膜纹理，绘画时要注意这种纹理结构的表达。巩膜俗称"眼白"，不透明，呈乳白色，质地坚韧，绘制时要注意表现出球体的立体感。

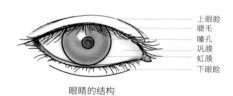

眼睛的结构

从正面看，眼睛的眼白部分与瞳孔的比例为1：2：1，我们可以参考这个黄金比例进行绘制。在起稿时不要将瞳孔画得太小，否则眼睛会显得无神。

在绘制上眼睑时，要注意高光细节的描绘；在绘制睫毛时，要注意睫毛的疏密关系，睫毛呈发散状，越往侧面，弧度越大；在绘制瞳孔时，要注意高光的点缀；在绘制虹膜时，注意不要为了描绘纹理而忽略了球体的塑造；在绘制巩膜时，需要画出眼角处、眼睑遮挡处和明暗交界处的暗部，但是不要画脏；在绘制下眼睑时，可画一些细小的高光。

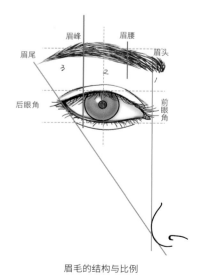

眉毛的结构与比例

眼白与瞳孔的黄金比例

眼部上色后的效果

案例：正面眉眼

前面我们了解了眉眼的结构和比例，下面为大家讲解眉眼的具体画法。在绘制眉眼的时候，可用图形归纳眉眼的结构，然后分步绘制。

 用自动铅笔画草稿，根据矩形定点画一个四边形。

 根据四边形的轮廓，描绘上眼睑和下眼睑的轮廓。

 画出被遮挡的眼球，然后描出虹膜和瞳孔。

04 按眉眼的比例描出眉毛，注意眉峰要高，眉尾要高于眉头。

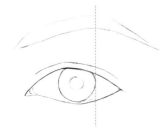

05 用马克笔上色，表现出眼部基础的明暗关系。

皮肤：	虹膜：	瞳孔：
COPIC E00	COPIC BV31	COPIC C6
COPIC E41	COPIC B34	COPIC C8

06 用马克笔加深眼部周围的明暗关系，塑造眼窝的结构和眼睑包裹着眼球的立体感，然后绘制眼角的颜色，接着用笔尖刻画虹膜的纹理，塑造虹膜的立体感。

皮肤：		虹膜：		眼角：	虹膜：
COPIC E00	COPIC E11	COPIC BV31	COPIC B34	COPIC E04	COPIC C6

07 深入刻画眼球的质感。叠加一些绿色，丰富眼球的色彩，并用放射性的线条表现虹膜的纹理，绘制出幽深的墨绿色眼睛。上色完成后，点一些高光，并注意高光形状的描绘。

COPIC G00

08 用软头水彩笔绘制眉毛、睫毛和眼皮处。在绘制眉毛时，注意笔触要顺着眉形走。

软头水彩笔深灰色

14 嘴巴的表现技法

嘴巴能表达人物的情绪，人物嘴角上扬富有亲和力，嘴巴微张会显得更性感。学习嘴巴的画法，在表达时装画的时候，可以让嘴巴的妆容更细腻、美艳，且富有细节。

了解嘴巴的特征

唇齿之美在于人物唇部的比例协调，并且唇齿形态要与脸形、五官及气质相配，想要画好嘴巴，则必须先了解嘴巴的特征。

> **Tips** 在绘制人物的妆容时，唇妆是比较重要的部分，富有特点的唇妆能让人物更具时尚的魅力。

◎ 嘴巴的结构

嘴巴指的是上下嘴唇和口裂周围的面部组织，是面部中最大的两个瓣状软组织结构，位于面部之下的1/3处。嘴巴由人中、唇弓、唇峰、唇珠和唇颏沟组成。人中是指上嘴唇上方正中的凹痕，在绘制时需刻画得明显一些，这样可以让整个唇部更有立体感；唇弓也称唇红线，上嘴唇的唇红线呈弓形，在绘制时要注意体现弧度；唇峰是唇弓两侧的最高点，在绘制时要注意起伏变化；唇珠是指上嘴唇正中唇弓呈珠状突起，可使唇形生动，增强立体感，在绘制时可刻画得大一些；唇颏沟是下唇与下巴所形成的曲线，在绘制时需概括成柔顺优美的曲线。

◎ 嘴巴的比例

在刻画嘴巴时，可以多进行观察，把握嘴巴的比例特征。

嘴巴纵向的比例： 上嘴唇与下嘴唇的比例为1∶1.5，即下嘴唇要比上嘴唇厚一点，会更和谐、好看。

嘴巴横向的比例： 两个唇角到唇峰的距离与两个唇峰之间的距离为1∶1∶1。

在绘制时装人物时，很多时候会对嘴巴的比例进行夸张处理，让人物显得与众不同。所以，在绘制的时候，思维不要太局限，要以美为原则。

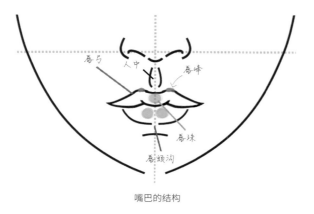

嘴巴的结构

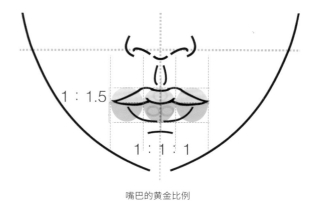

嘴巴的黄金比例

案例：亚光红唇

在绘制嘴巴时需要注意的是，嘴巴是柔软又富有弧度的，所以在勾线的时候要有轻重之分，这样嘴巴会更生动。

01 用自动铅笔起稿，因为画的是正面的嘴巴，具有对称性，所以有参考矩形定点，用粗略的直线概括地框出唇部外轮廓的参考线，注意唇弓要饱满。

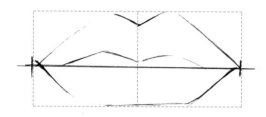

02 在参考线的辅助下，画出清晰、顺滑的线稿，然后用橡皮擦去辅助线。

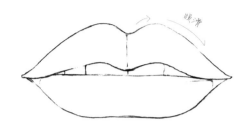

03 画出嘴巴的明暗关系，留出受光面，然后用马克笔将唇部的暗面画出来，可以顺着嘴巴的结构进行绘制。注意控制好暗部的形状。

COPIC R59

COPIC E07

04 绘制亮面的颜色，最亮面的饱和度低，明度高，次亮面的饱和度高，明度低。

COPIC R27

COPIC R20

COPIC R24

最亮

次亮

05 用软头马克笔的笔尖画出人中、嘴部周围的皮肤和牙齿的暗部，然后刻画唇纹线，并加深唇部暗面的颜色。

皮肤：

COPIC E11

牙齿：

COPIC BV31

唇部：

COPIC E29

06 刻画细节。叠加浅粉色，让红唇更显润滑。因为口红是亚光的，所以在绘制高光的时候，可以用纸巾将高光擦淡一些，然后用软头马克笔的笔尖勾勒嘴巴的外轮廓线，并注意虚实的表达效果。

樱花白色高光笔

COPIC RV21

15 鼻子的表现技法

鼻子位于面部正中的位置，是影响五官是否和谐的重要部位。鼻子的形态不仅决定了整体面容的美丑，也会影响人物的气质。学习鼻子的画法，在表达时装画时，可让鼻子的造型更生动，凸显面部的立体感。

了解鼻子的特征

在时装画中，无须将鼻子刻画得很细致，但要掌握鼻子的基础比例，刻画出鼻子的立体感。另外要注意，即使把鼻子画漂亮了，如果与脸形不搭，那么人物的五官也不会好看，因此鼻子要与脸形相搭配。

鼻子的结构

鼻子由鼻根、鼻梁、鼻头、鼻翼和鼻中隔组成。鼻根与前额相接，是凹进去的，与眼角齐平；鼻梁是骨骼支撑的位置，形体较为分明，鼻梁高挺会使鼻子的形态美观，使五官的轮廓更加清晰；鼻头高而厚，类似球体，在描绘时可将鼻尖画得挺一些，以使人物的脸部更精致；鼻翼较薄，贴在鼻头的两侧；鼻中隔位于左右鼻腔之间，在鼻子底部的正中，连接人中。

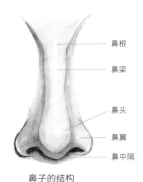

鼻根

鼻梁

鼻头

鼻翼

鼻中隔

鼻子的结构

鼻子的比例

鼻子的比例需符合"三庭五眼"的标准。鼻子位于脸的中庭，鼻长为面部长度的1/3，鼻宽为面部宽度的1/5，鼻尖高度约为鼻长的1/3。鼻子是否美观，与鼻头的大小息息相关，不要将鼻头画得太过宽厚，鼻形需与脸形及其他五官的比例协调。

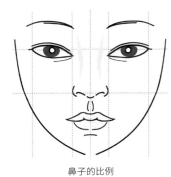

鼻子的比例

案例：正面鼻子

从额头到鼻尖，从鼻尖到下巴，鼻子起到了面部中枢曲线的作用，在绘制的时候，要注意对鼻部弧度线条的刻画。

01 用自动铅笔起稿，先画出一条中心对称线，然后画出对称的等腰梯形参考线，用粗略的线条概括出鼻子的正面。

02 在参考线的辅助下，画出鼻梁的交界线，整理出清晰的线稿。

03 绘制出鼻子的明暗关系，留出受光面。用马克笔对鼻子的暗面和鼻孔进行涂色，可以用皮肤色混合冷灰色进行绘制，并顺着鼻梁和鼻头的结构运笔。

皮肤：

COPIC E13

COPIC BV31

鼻孔：

COPIC E57

04 用马克笔在整个鼻子上叠加亮色，并留出明显的高光。

COPIC E00

05 用马克笔深入塑造鼻子的立体感，加深暗部的细节，画出鼻底的投影。用浅色晕染亮部，塑造皮肤的光滑质感，然后用白色高光笔以点画的方式绘制高光，用软头勾线笔勾勒鼻孔和鼻翼的轮廓，调整细节，完成绘制。

暗部：			亮部：		
COPIC E31	COPIC E33	COPIC E13	COPIC E41	樱花白色高光笔	软头水彩笔 深棕色

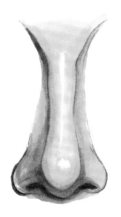

16 耳朵的表现技法

耳朵不是时装画表达的重点，很多时候会用一个半圆代替，但我们也要了解耳朵的特征，掌握耳朵的表现技法，这样才能表达头部的立体感，让头部的结构更精致、合理。

了解耳朵的特征

耳朵自身的起伏转折较多，要了解其结构，并画出比例正确、外形优美和富有美感的耳形。

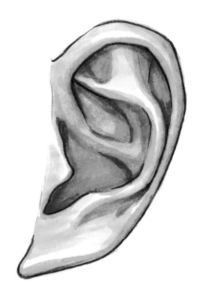

耳朵的结构

耳朵由耳软骨支撑，由耳轮、对耳轮、耳屏、耳垂和三角窝等结构组成。见右图，如果光源来自画面的左上方，蓝色的虚线为受光面，耳屏、耳轮和耳垂会相对亮一些，三角窝凹进去。

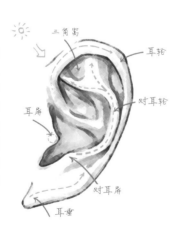

三角窝　耳轮　对耳轮　耳屏　对耳屏　耳垂

在绘制耳朵时，耳轮的刻画尤为重要。可将耳轮概括成反转的字母C，将对耳轮概括成字母Y，它们是耳朵结构中较为突出的结构，在描绘时要画出其转折感。

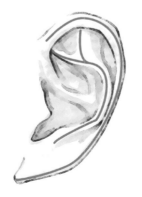

耳朵的比例

每个人耳朵的形状都是不一样的，有宽而大的耳朵，也有棱角分明的耳朵，形态各异。我们可以将耳朵整体的轮廓放置在一个四边形中进行绘制，同时还要符合"三庭"的比例。

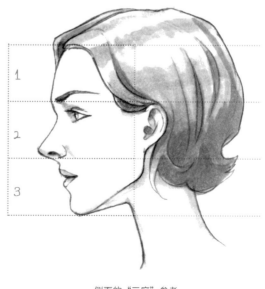

侧面的"三庭"参考

案例：3/4侧面耳朵

在绘制耳朵的时候，我们要用图形和辅助线对耳朵的结构和特征进行归纳，塑造耳朵硬挺的质感。下面为大家讲解耳朵的表现技法。

01 用自动铅笔起稿，画出一个四边形作为参考线，然后画出耳朵的线稿。注意，耳朵是贴近脑侧的，所以3/4侧面耳朵是具有纵深的视角，对耳轮会较为突出。

02 擦掉辅助线，整理好线稿。用马克笔为耳轮和对耳轮等部位上色，找出大体的明暗关系。

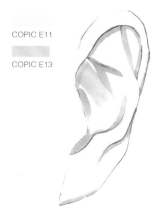

COPIC E11

COPIC E13

03 绘制皮肤的底色。根据耳朵的结构绘制耳朵的底色，将高光留白，然后加重耳朵中部的颜色，笔触要有轻有重。

底色：

COPIC E51

耳朵中部：

COPIC E21

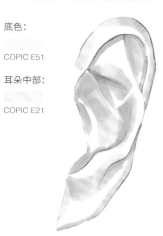

04 深入刻画，塑造立体感。用冷灰色晕染耳朵的暗部和结构转折处。在绘制受光处时，注意留出耳朵的高光。

COPIC E21

COPIC E00

COPIC BV31

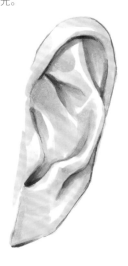

05 整体勾线。可以将线条画得硬朗一些，体现出耳朵的质感。

COPIC针管笔0.1mm棕色

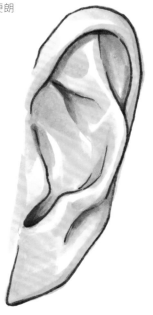

17 头发的表现技法

　　头发的绘制一直是时装画中的难点。时装画中人物的造型不同，发型也多种多样，发色也丰富多变。了解头发的特征，掌握头发的表现技法，可以让头发表现得更加飘逸、自然，富有层次，也让人物看起来更有气质。

了解头发的特征

　　头发是附着在头颅上面的，头颅顶部像一个球体。首先要学会组织好头发的层次关系，按组归纳头发；其次要学会添加发丝的线条感，通过围绕头部，用线条的疏密来塑造立体感。接下来为大家讲解8种不同的发型特征。

　　微卷的短发：整体头发围绕头颅呈包裹式的弧度。由于是微卷的头发，因此在绘制的时候，发尾的朝向不一样。将头部分为几组，然后在每组头发上添加线条。注意，受光处的头发稀疏，暗部的头发细密。

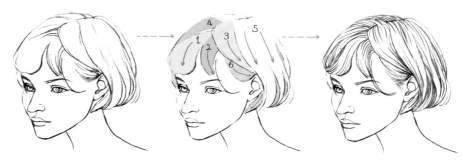

偏直的短发：整体头发围绕头颅呈包裹式的弧度。将头发进行分组，参考下图中红色箭头的走向，一组一组地归纳和整理线条。

　　中分长刘海后束发：由于是正面且稍微有些俯视的视角，会露出大面积的头发，由中间向两侧分流，因此要注意头发分流的弧度。将头发分组后，一组一组地填充线条，在填充线条的过程中，要注意将高光的位置进行留白，让线条断开。

　　后系发：因为是侧面的系发，所以可以将刘海和后脑等各个部分的头发进行分组。后脑的球体特征比较明显，是最有立体感的一个部分，在画线条时要注意两边密、中间疏的特征，其他部分按下图中箭头的朝向成组地进行填线。

编式盘发：因为是后侧面的编式盘发，所以要表达出后脑勺的立体感。围绕头部的编辫盘根错节，有较多的交错遮挡关系，将其按组进行归纳，然后填上线条，并注意线条的弧度和疏密的表达。

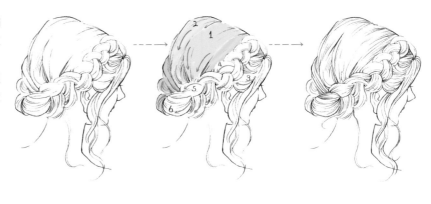

编式后系束发：在绘制卷长发的时候，可以将其进行分组，同时要注意层叠交错的遮挡关系。分好组之后，填上线条，并注意线条的弧度和疏密的表达。

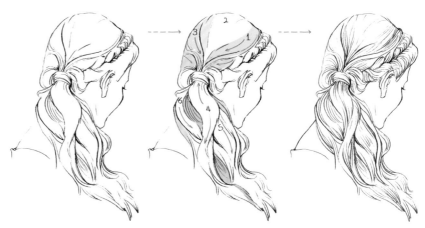

高马尾直束发：直发的变化虽然比卷发的少，但也要通过遮挡关系表达头发的疏密关系，以塑造立体感。将头发进行分组，然后描绘出球体的弧度，添加发丝的线条。注意，在留白的地方也要表现清楚头发的转折关系。

头顶高耸的大波浪散发：在绘制蓬松而卷曲的头发时，要一组一组地归纳，并注意层次疏密关系。头顶的头发向上聚拢，两侧的头发呈弯曲状态，脑后的头发向下垂。将头发分组之后，再添加发丝线条，塑造出头部的立体感。

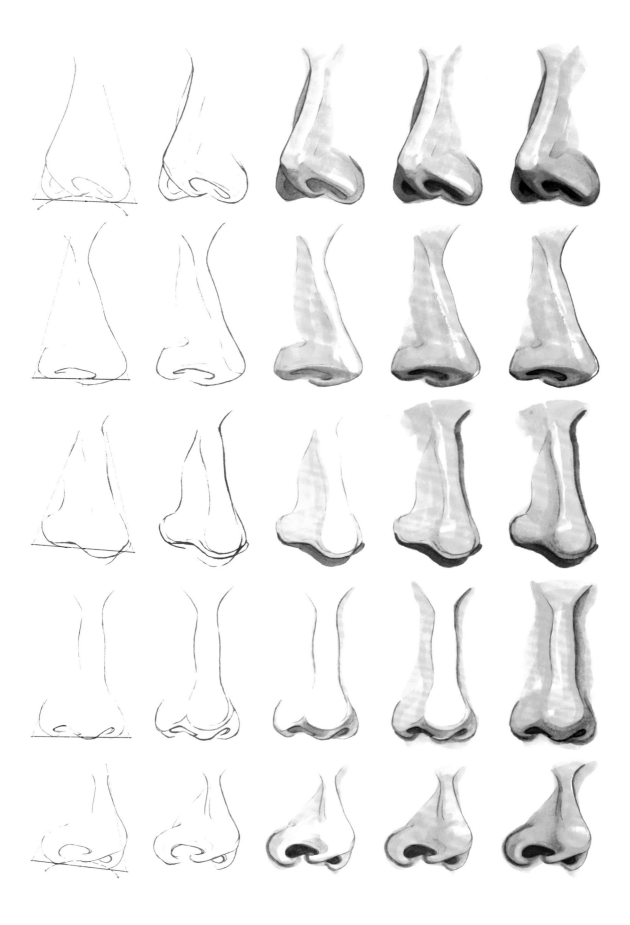

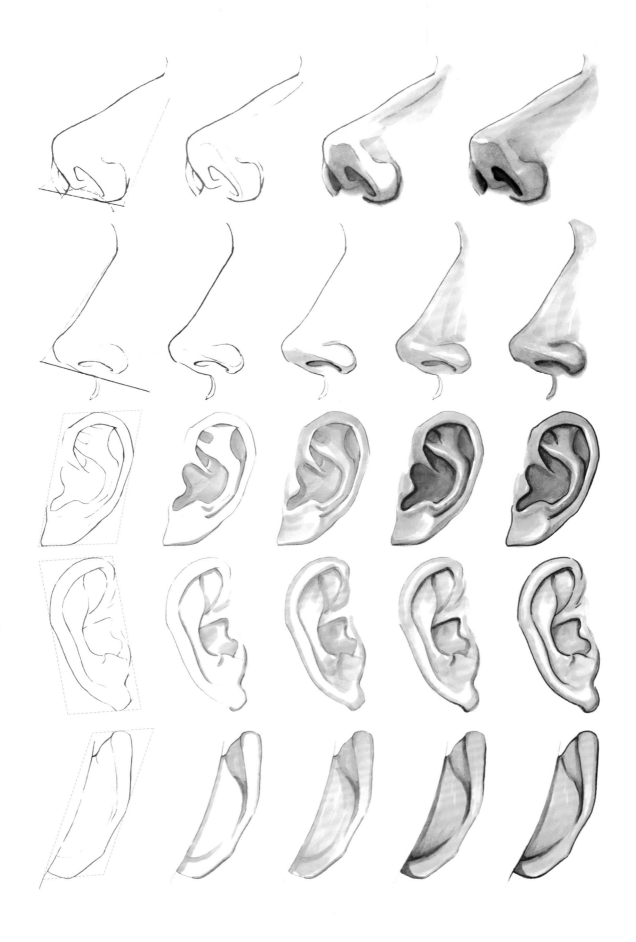

案例：橘黄色编发浪卷式束发

人的发型千变万化，颜色也多种多样。在绘制头发的时候，可采用分组的方式进行绘制。

01 用自动铅笔画出头发的线稿，然后简单地为皮肤上色，注意头发疏密关系的表达。

皮肤：

COPIC E13　COPIC E11　COPIC E51

02 画出头发大体的明暗关系。用软头马克笔的笔尖以扫笔的方式绘制发根和暗部，颜色由深到浅，暗部的颜色深一些，并留出高光。

COPIC E44　COPIC E43　COPIC E21

03 绘制头发的底色。用马克笔以扫笔的方式绘制头发的整体颜色，要注意笔触的虚实表达。

COPIC E21

04 塑造立体感。为整体头发晕染淡橘色，然后在局部叠加冷灰色，不要将颜色画得太实。用软头马克笔的笔尖加深暗部的重色，让头发的层次更为分明。

COPIC E41　COPIC W1　COPIC W5

05 绘制高光并勾线。用白色高光笔在发丝的受光面画一些线条，然后用针管笔勾勒发丝的线条，线条要自然、生动，疏密得当。

樱花白色高光笔

COPIC针管笔0.1mm棕色

18 手臂的表现技法

手臂是指人体的上肢，即肩膀以下、手腕以上的部位。在时装画中，人体手臂的动作是极为丰富的，手臂具有很强的表现力，能巧妙地表达身体的语言，是人体姿态表达的重点。

了解手臂的特征

在绘制之前，需要先了解手臂的骨骼结构和摆动规律。在绘制手臂时，注意手臂要根据身体的形态来变化。

○ 手臂的骨骼

手臂的骨骼由两大部分组成，即上臂的肱骨和前臂的尺骨与桡骨。上臂有一根圆柱形的骨头，称为肱骨，呈弯曲状，肱骨的头部位于肩胛骨的杯形腔内。前臂有两块骨头，即尺骨和桡骨，尺骨的凹口刚好包裹住肘部间的圆形表面，桡骨与腕关节相连。自然形态下，人体肘关节是向后倾的，我们在刻画手臂时，要注意这一点。上臂的骨骼和前臂的骨骼也是微微弯曲的，配合上肌肉的走向，人体的手臂是有弧度变化的。

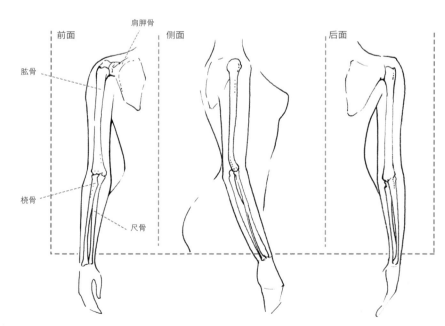

手臂的骨骼结构

◎ 手臂的动势

手臂的动势是很灵活的，可以向前、后、左、右移动，也可以向上、下弯曲，自由转动。手臂摆动的姿势就像圆规依轴转动一样。上臂长于前臂，手臂摆动时，关节的位置、方向会发生改变，掌握了这些规律，我们就可以设计手臂的动势了。

女性的手臂线条柔美，肌肉的线条柔和，手臂用力支撑时会比自然下垂时的肌肉线条更加饱满。

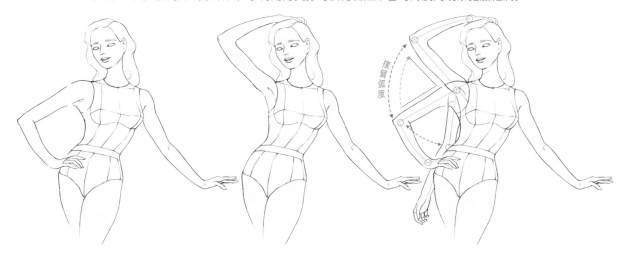

女性手臂的动势

男性的手臂肌肉线条硬朗，骨点突出，臂膀的肌肉突出，肌肉有层叠的穿插关系，勾线时要刻画出层次感。手臂于身前、身后和身侧时，会产生不同的动势，因此要注意透视关系的变化。

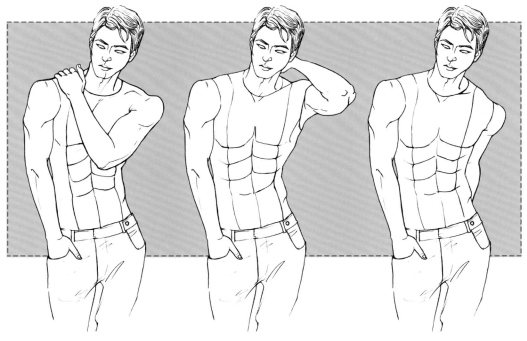

男性手臂的动势

案例：圆润有力的手臂

女性手臂的线条以曲线为主，绘制起来并不复杂。在绘制关节处和肌肉遮挡处时，为了体现转折或遮挡的关系，可将线条画得硬朗一些。

01 从外形上看，手臂类似于两个圆柱体，上臂长于下臂。在绘制线稿的时候，先找到关节点，画好动势线，然后丰富外轮廓线，接着擦掉辅助线，细化线稿。注意，要表达女性人体的柔美，线条的弧度要有变化。

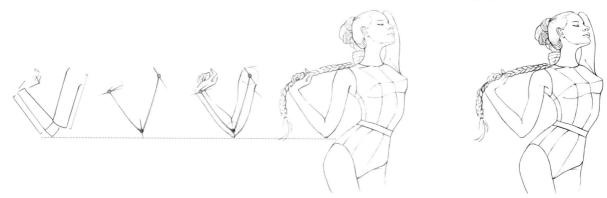

02 根据动势和肌肉的走势进行上色。人体的皮肤是暖色调的，但在暗部可叠加一些冷色，这样可以丰富人物的立体感，让色彩对比更强烈。在下巴连接脖子的侧面、手臂暗部、腋下、手腕侧面和大腿里侧适当加入冷灰色，脖子处的冷色调会更有反光的效果，加入少许的冷色后，脖子处整体都增加了空间感。

皮肤：

COPIC E13　　COPIC E11　　COPIC E51

头发：　　　　　　　　　　　　　　　　　暗部：

COPIC E33　COPIC E43　COPIC E31　COPIC E41　　COPIC BV31

> **Tips** 很多初学者在绘制人物皮肤时会用同色系颜色，例如用深黄色绘制暗部，用浅黄色绘制亮部。这样刻画的人物立体感没有问题，但人会显得不自然。在现实的色彩规律中，人物皮肤的暗部有颜色冷暖的变化，在暗部也有一些环境色或冷色调，这样会让人物看上去更加自然、生动。

03 整体勾线。勾线时要注意根据肌肉的起伏进行绘制，线条要有轻有重，然后绘制高光，并注意对每一个高光细节的刻画。

〜〜〜
COPIC针管笔0.1mm棕色

▬▬
樱花白色高光笔

19 手部的表现技法

在时装画中，会突出展现首饰和手包等配饰，因此手部的刻画尤为重要。手部的姿态作为重要的身体语言，也能表达人物的状态与情绪，人物是活泼的还是沉稳的，都可以通过手部的姿态来展现。刻画好手部，可以极大地提升画面的质感和细腻度。

了解手部的特征

手部的骨骼明显，结构转折较多，动势多样，刻画的难度较大。但对其仔细分析，了解其结构，进行简化处理，便可以掌握手部的画法。

手部的比例

在时装画中，手掌与手指的比例为1∶1。在具体绘制的时候，会对女性的手部进行夸张处理，让手指更加纤细，这样手也会显得更加修长。

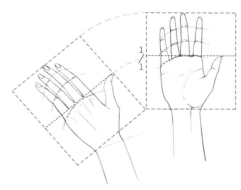

手部的骨骼

手部的骨骼由腕骨、掌骨和指骨组成。指骨由近侧向远侧依次为近节指骨、中节指骨和末节指骨。每节指骨呈圆锥状，由粗至细，微微弯曲，因此在绘制的时候，要注重骨骼关节和手指的比例。

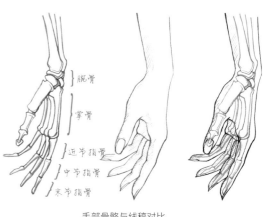

手部骨骼与线稿对比

手部的动势线

手部的动势线是指将手指和手掌的关节点由横向、纵向进行连接而形成的动势弧线。在绘制动势线的时候，要确定好手掌与手指的比例，依照指肚线的位置，用自动铅笔画出手部横向和纵向的动势线，然后依照手指的粗细与手指纵深的透视，画出手部的外轮廓线，接着详细刻画手部的细节，画出明暗交界线和手指甲的形状等。用橡皮擦掉多余的辅助线，注意勾线时要保持线条的流畅。

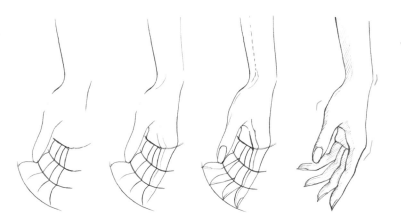

手部动势线绘制过程

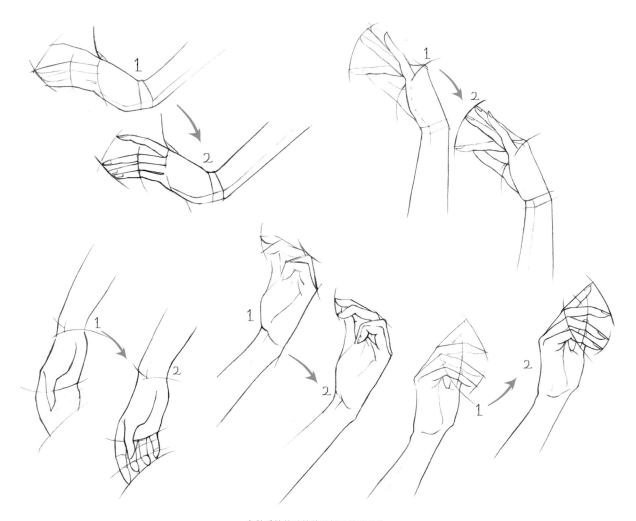

多种手势的动势线分析及线稿对比

案例：灵动的双手

在绘制手部的时候，要先对手部进行概括，然后逐步细化，这样才能将手部画得更漂亮。下面为大家讲解手部的具体画法。

01 确定好手掌与手指的比例，依照关节骨点进行连线。用自动铅笔画出动势线，然后画出每根手指的轮廓线。

02 根据手指的粗细与手指纵深的透视关系，画出手部的外轮廓线。注意虚实关系的处理，将后面的手的线条画得轻一些。

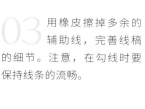

Tips 为了让大家能够看清手部的绘制过程，这里将手部的比例进行了放大处理。

03 用橡皮擦掉多余的辅助线，完善线稿的细节。注意，在勾线时要保持线条的流畅。

04 用马克笔上重色，将黑白灰的关系找出来，并根据肌肉和骨骼的走向上色。在画到暗部时，要加入一些冷色。

COPIC E35

COPIC E31

COPIC E11

COPIC BV31

05 用浅色绘制手部的亮面，根据肌肉和骨骼的走向上色，亮面的肤色要薄而透。

COPIC E21

COPIC E00

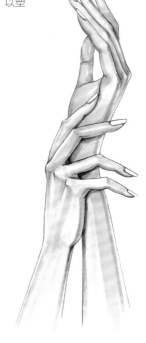

06 在保留皮肤光泽感的情况下，深入刻画手部，以塑造每一根手指的立体感。

COPIC E21

COPIC E00

07 深入刻画。刻画指甲、手背和关节，让手部更显生动。

COPIC E41

COPIC E51

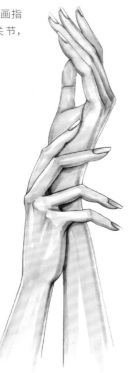

08 整体勾线。将外轮廓线刻画得重一些，在绘制后方的那只手时，不要将线条画得太实。为手部绘制高光，在指肚和指背等反光的地方画一些高光，这样画面会显得更精致。

COPIC针管笔0.1mm棕色

樱花白色高光笔

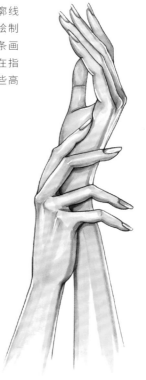

20 腿部的表现技法

在绘制时装画时，经常会将人物的腿部进行夸张处理，以增加腿部的动势幅度，让其更富有张力与动感。将腿部刻画好了，会为时装画中的裤装和裙装的展示加分。

了解腿部的特征

在绘制腿部之前，要了解腿部的特征，了解腿部的骨骼和比例结构，并学会画动势参考线，这样才能绘制出具有力量感的腿。

腿部的骨骼

腿部的骨骼由股骨（大腿）、髌骨（膝关节）和胫骨（小腿）等组成。在绘制腿部时，要将骨点描绘清楚，骨点的线条要硬朗。腿部的骨骼线也可以理解成腿部的动势线，在绘制时，可以用图形归纳的方法，先简化腿部的结构，然后将其细化。在对腿部上色时，要凸显立体感，拉大黑白灰的对比关系，突出光影效果。

腿部的比例

腿部的长度是5.5~6个头身。髋部为1个头身，髋部到膝盖是3个头身，膝盖到脚踝是两个头身，穿着高跟鞋的脚为1个头身，不穿高跟鞋是半个头身。在构图时，要确定好比较关键的参考线，即臀线、膝线和脚踝线。

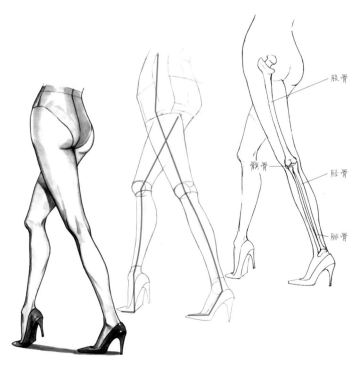

侧后方腿部的上色、动势线、骨骼对比

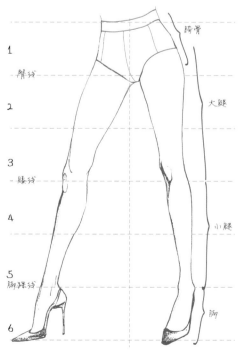

腿部参考线比例图

腿部的动势所带来的透视的变化会对腿部的比例产生影响。从下面两张图中可以看出，纵深的透视会让大腿变短。

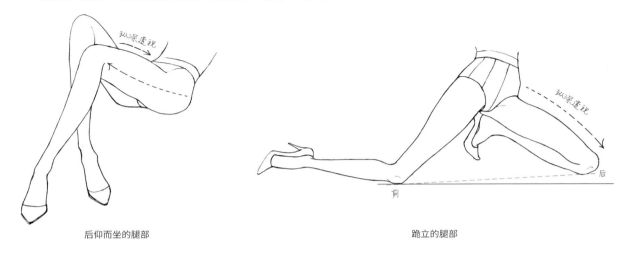

后仰而坐的腿部   跪立的腿部

案例：不同的腿部

在绘制腿部的时候，要确定好腿部的比例，然后根据腿部的重心确定腿部的动势。在绘制腿部时，最重要的是画好大腿与小腿连接的位置，即刻画好膝关节。

01 确定好腿部的比例，参考臀线和膝线，定好臀部与膝盖的位置，然后用自动铅笔绘制线稿。在描绘腿部的肌肉时，要用轻松的线条表达。

02 用淡淡的皮肤色以平涂的方式绘制腿部的底色。

COPIC E00

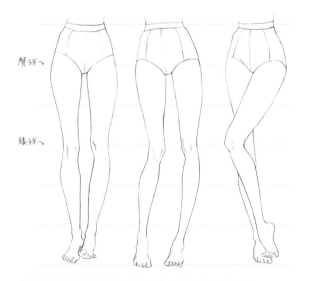

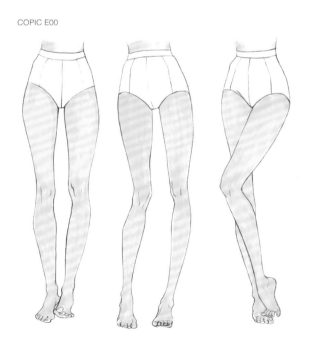

Tips 因为腿部的面积较大，所以可以用先绘制底色，再深入刻画细节的方式来刻画腿部，这样整体画面会显得更连贯。

03 光线从画面的右侧打来，所以暗部在腿部的左侧，用深色绘制皮肤的暗部。

COPIC E13

04 绘制腿部中间的过渡色，然后刻画膝盖、塑造脚趾等细节。如果感觉颜色不均匀，可以在颜色未干时快速叠加两次浅色，以增加皮肤光滑的质感。

COPIC E00

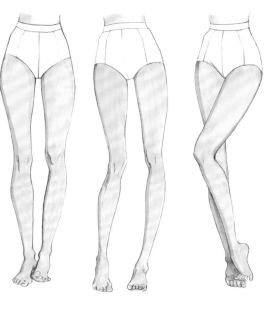
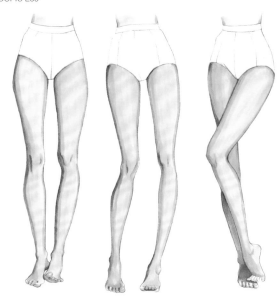

05 整体勾线。腿部的外轮廓线要优美、柔和，膝盖和脚踝骨点处的线条要硬朗。在表现肌肉和关节处时，可以适当将线条画得粗一些。

COPIC针管笔0.1mm棕色

Tips 如果想追求自然的画面感，可以不勾勒腿部的外轮廓线。但勾勒了腿部的外轮廓线，会显得人物更加立体，画面效果也更加统一。

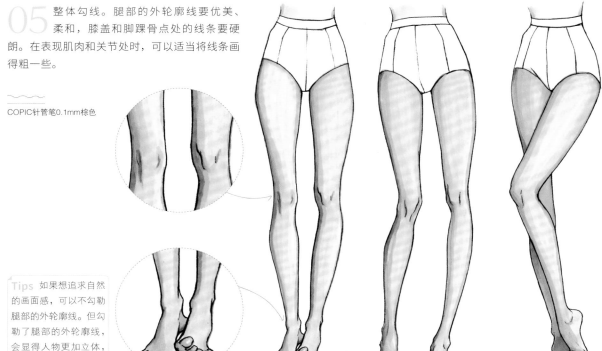

21 脚部的表现技法

在时装画中，绘制好脚部可以更好地展现鞋子。本节内容抛开鞋子，先研究脚部的骨骼结构，了解脚部的特征，并掌握脚部的表现方法。

了解脚部的特征

一只脚由 26 块骨骼组成，并分为三大部分，即趾骨、跖骨和跗骨。

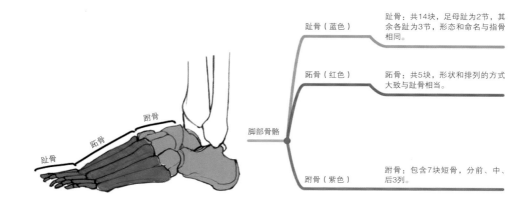

趾骨（蓝色）	趾骨：共14块，足母趾为2节，其余各趾为3节，形态和命名与指骨相同。	
跖骨（红色）	跖骨：共5块，形状和排列的方式大致与趾骨相当。	
脚部骨骼		
跗骨（紫色）	跗骨：包含7块短骨，分前、中、后3列。	

脚侧面骨骼结构图

从外形上来看，趾骨与跖骨有规律性，跗骨是一组不规则的骨骼。我们要了解脚部的骨骼特征，注意对脚部骨骼外轮廓的描绘：脚背弓起，脚底上凹，后跟鼓出，脚腕侧收，脚部骨骼外轮廓有度地变化。

受骨骼和肌肉的支撑，脚部的外轮廓有轻微的弧度变化。我们要注意观察脚部，形成记忆，着重刻画。

一只脚的侧面外轮廓是一个直角三角形，后脚跟突出，整体极具厚实感和稳定性。

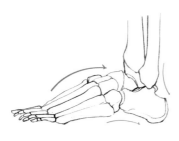

脚侧面骨骼弧度特征

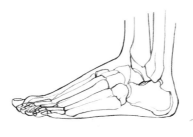

脚侧面骨骼与轮廓对比

脚部的侧面轮廓

案例：踮起的双脚

在绘制脚部时，要注意脚背弓起、脚跟圆润、脚踝骨关节鼓起，以及脚趾自然弯曲的特征，这样可以使绘制出来的脚部更精致、优美。

01 用自动铅笔绘制线稿。要表现清楚外轮廓的转折关系和脚踝骨的关节的特征。由于所画的是穿高跟鞋时踮起的脚部状态，因此脚背是紧绷的状态。要用浅浅的纹理表现脚背的骨骼线条，以方便后期的上色。

02 用淡淡的冷灰色勾勒脚部的明暗交界线。

COPIC BV31

03 用较深的皮肤色绘制脚部的暗面，留下脚部亮面和暗部的反光面。注意要根据脚部骨骼和肌肉的走向绘制。

COPIC E11   COPIC E21

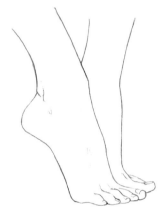

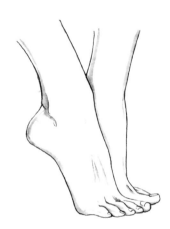

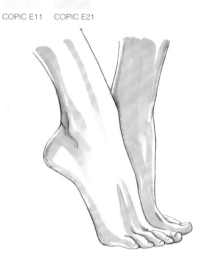

04 用较亮的皮肤色为脚部的亮面进行上色，尽量保留自然感。

MARVY OR822

05 用较深的皮肤色勾勒脚部的暗部，拉开黑白灰的关系。暗面较小，因此上色要精准。刻画整体脚部的细节，塑造脚部的立体感和皮肤的质感。

MARVY E853

MARVY E855

06 用针管笔勾勒脚部的轮廓线，用白色高光笔在亮部点一些高光。

COPIC针管笔0.1mm棕色   樱花白色高光笔

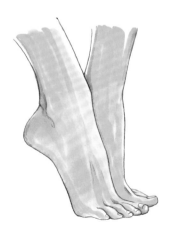

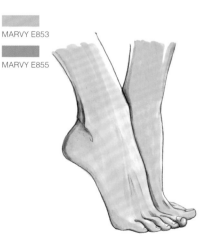

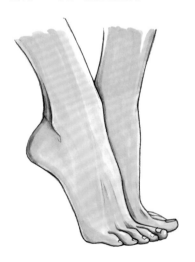

22　背部的表现技法

现代的礼服和裙装的背面经常有凸显女性后背曲线的露背设计。了解背部的结构，并学习如何刻画优美的背部，可以为绘制露背时装加分。

了解背部的特征

在绘制背部之前，需要先了解背部的骨骼与肌肉，并掌握背部的轮廓和透视的绘制要点。

背部的骨骼与肌肉

背部的骨骼包括脊柱和肩胛骨。脊柱是身体的支柱，位于背部正中，紧贴后背，上端接颅骨，下端达尾骨尖。从后面看，脊柱是笔直的；从侧面看，脊柱呈S形。在绘制后背时，尤其要注意对扭动的脊柱的S形的刻画。肩胛骨为三角形扁骨，贴于胸廓后，视觉上，后背上会有凸起的骨骼线条。

背部的肌肉包括斜方肌和三角肌。斜方肌是一块较大的表层肌肉，左右两侧看起来是菱形状的肌肉，在绘制女性人体时不用过于刻画，它会加大脖子与肩膀连线的斜度，显得女性肩膀厚实、脖子短，通常在男性的身上表现得更明显。三角肌是后肩部表达的重点，位于肩部皮下，从前、后、外侧包裹着肩关节。

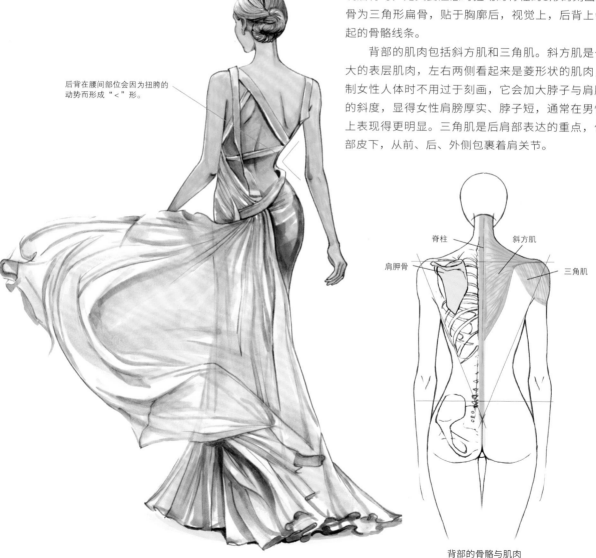

后背在腰间部位会因为扭胯的动势而形成"＜"形。

脊柱

斜方肌

肩胛骨

三角肌

背部的骨骼与肌肉

背部的轮廓与透视

描绘背部时，要清晰地认识背部透视的变化。人体以脊柱为中线，左右对称，呈漏斗形，肩胛骨突出。

肩胛骨的外形像一个L形，上长下短并有一定的转折。当手臂向上抬动时，会带动肌肉，肩部的三角肌突出，肩胛骨被拉伸，肩胛骨发生位移变化。

在起稿时，可以用两个三角形作为辅助来确定背部的轮廓。

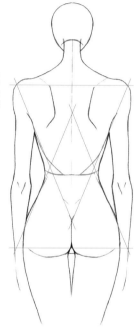

女性的背部体态呈漏斗形

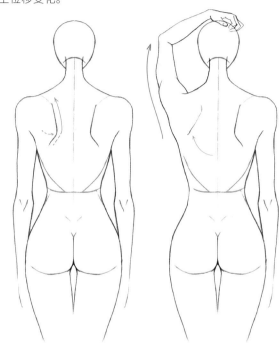

动势中的肩胛骨对比 1

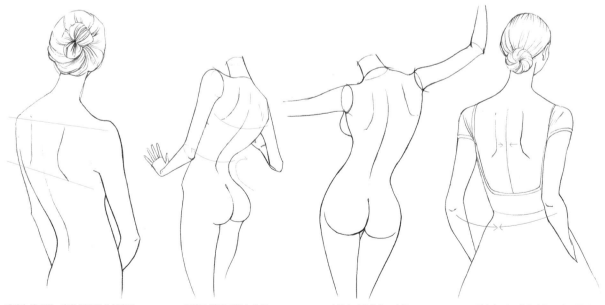

手臂自然下垂，有纵深透视的侧身后背，肩胛骨近大远小，可以画两条表现透视的辅助线作为参考进行构图。腰部前顶，脊柱内凹，辅以弧度描绘。

手臂支撑墙面并向外摆，肩胛骨也向外摆，脊柱的弧度明显。

肩部有动势拉伸，肩胛骨外摆。

肘部向后，夹着肩部，肩胛骨随之被挤压，向脊柱收拢。

动势中的肩胛骨对比 2

案例：身着露背礼服的女子

在绘制背部时，要抓住背部的骨骼特点，使背部呈现性感而协调的效果，并凸显露背时装的美感。下面为大家讲解背部的表现技法。

01 用自动铅笔绘制清晰的线稿。起稿时要注意表现清楚肩胛骨、脊柱和肘关节，注意肌肉有轻微的起伏变化，线条也要有虚实的变化。在绘制脖子上的系带和腰胯处的线条时，要注意透视的表达，画出身体被包裹着的感觉，表现出人物的立体感。

02 用淡淡的冷灰色勾勒人体的暗部，画出明暗关系。

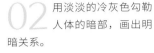

COPIC BV31

03 用马克笔绘制背部暗面的颜色，亮面留白，然后表现出背部大体的明暗关系。

MARVY OR824

MARVY E853

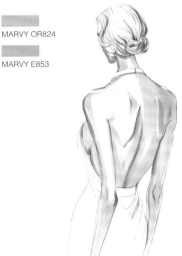

04 用马克笔平铺头发和裙子的大色调，然后根据背部的骨骼和肌肉的走向，绘制亮面的颜色，尽量保留自然感。

皮肤：

MARVY E852

裙子：

COPIC W7

头发：

COPIC E43

COPIC W3

05 加深皮肤的暗面，用灰度高的颜色塑造人物的立体感和肌肉的质感，然后塑造头发、服饰的质感。

MARVY E853

COPIC E41

COPIC E40

06 用软头水彩笔进行整体勾线，线条要有轻重变化，骨点转折处的线条要硬朗一些，可以适当加粗。勾线会让人物更立体，画面的黑白灰对比也更强烈。

软头水彩笔 深灰色

23 人体皮肤的表现技法

在绘制人体皮肤的时候，可以采用平涂法、留白法和叠色法。在绘制时装画时，可针对所描绘的对象来选择适合的技法，不同的技法所表达出来的效果和氛围也不同。

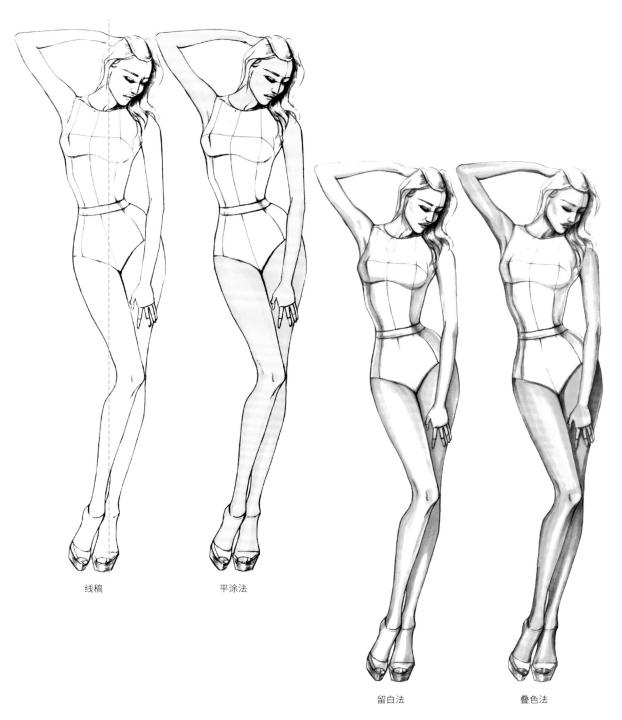

线稿

平涂法

留白法

叠色法

平涂法

　　平涂法是指在确认好人体比例和勾勒好线稿之后，进行大面积的涂色，保持颜色匀称。

　　优点：颜色干净，上色的整体效果佳，方法简单，易于掌握，不会抢了服饰的颜色，后期在增添大面积服饰的颜色时，效果也很好。

　　缺点：人体皮肤的质感表达不够丰富，在表达泳装和内衣时，使用此方法就会显得颜色单调，缺乏质感。

留白法

　　留白法是指在确认好人体比例和勾勒好线稿之后，在人体的明暗交界线和人体最深的暗部绘制皮肤的颜色，将皮肤的受光面留白。

　　优点：留白法会使人体结构的表现力更强，富有立体感，较适合绘制概念性强的服饰。留白法绘制的面积小，可以节约绘画的时间。

　　缺点：人体的上色不够统一，如果颜色比较复杂，画面会显得凌乱。此方法适合绘制单一色系的服装。

叠色法

　　叠色法是指在确认好人体比例和勾勒好线稿之后，顺着肌肉的走向绘制，通过叠加丰富的颜色，深入刻画皮肤质感和人体立体感的方式。这种方法结合留白法，能塑造人体的光感。

　　优点：皮肤质感好，人体立体感佳，颜色丰富，视觉冲击力强。

　　缺点：运用颜色多，难于掌握，需要深入练习。

案例：双人皮肤

在为皮肤上色时，没有固定的方法，为了让画面效果好看，可以将平涂法、留白法和叠色法结合使用。绘画没有绝对的对错，只有相对的效果。

01 确定好人体的中心线，用自动铅笔勾勒出清晰的线稿。双人的身体有互动和遮挡，短发女子依着长发女子的肩部，扭胯提腿，此处要注意腿部的透视关系。

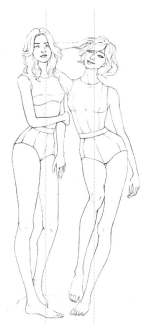

02 分析光源的方向，光源从右上方而来，确定好人体的明暗交界线，用马克笔进行上色。绘制人物的头发、面部和人体的明暗交界线的重色。

皮肤：

COPIC E21

头发：

COPIC C6

03 按照人体肌肉的走向，由深至浅进行上色。先绘制暗的颜色，再绘制过渡色，然后绘制亮面的颜色。当我们不追求笔触的效果，想要将颜色画均匀时，可以在上色时叠加一个同色系的浅色，这会让人体的皮肤更光滑。

皮肤：　　　头发：

COPIC E13　COPIC E44

COPIC E11　COPIC E43

COPIC E00　COPIC E31

COPIC BV31　COPIC E41

COPIC C4

COPIC C2

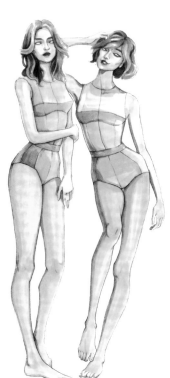

04 用针管笔对整体画面进行勾线。勾线时要注意线条的变化，在绘制外轮廓和骨点时，线条可以粗一些，以加强人物的立体感；在绘制头发时，不要将线条画得太实，要表现出头发的飘逸感。

COPIC针管笔0.1mm棕色

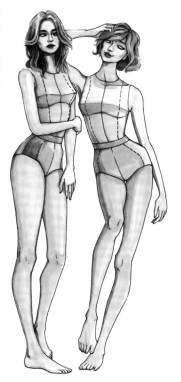

24 人体动态的表现技法

在绘制时装画时，人体动态的表达十分重要。人体动态是一种视觉语言，通过丰富的肢体造型，可以帮助我们更好地表现时装。在绘制人体的动态时，要找好重心线、头颈肩的关系和胸腰胯的关系，这些都是构成人体动态的关键。

扭胯站立的人体动态

在时装画中，扭胯站立的人体动态常被使用。人体在扭胯站立的时候，双腿分开，重心线在双腿之间，胯骨往一侧提高，一条腿的位置离重心线较近。要注意腿部与地面的角度，即使腿部跨度再大，双腿与地面连成的内三角的角度也不要超过90°，否则人体会不平衡。

> **Tips** 人体的重心和动势需要平衡，如果将人体画倒了，画面就不真实了。

走动的人体动态

走动时，人体的手臂是摆动的，双腿是错落的，因此要注意手部和脚部的透视关系。走动时，人体不像站立时脚会在一条平直的线上。在绘制走动的人体时，要注意两只脚有前大后小的透视关系。

扭胯叉腿的人体前后面

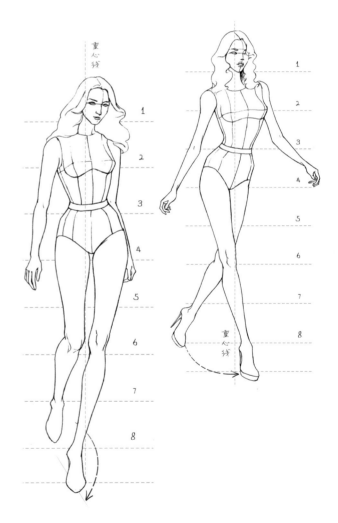

坐/躺的人体动态

如果人物的上身是直挺的，无论是什么动态，头部到臀线都是4个头身的比例。在绘制人体的坐姿时，人体的比例就是4个头身加椅子腿的高度。由于后面的腿搭在前面的腿上，因此透视会发生变化，后面的大腿相比前面的腿会短粗一些。

在绘制竖着躺卧的人体时，小腿与上半身的比例不变，臀部与大腿有纵深透视关系，要注意腰椎和大腿的纵深透视变化。如果无法依靠重心线的比例线来构图，可以找到S形的人体动势线，然后细化线稿。

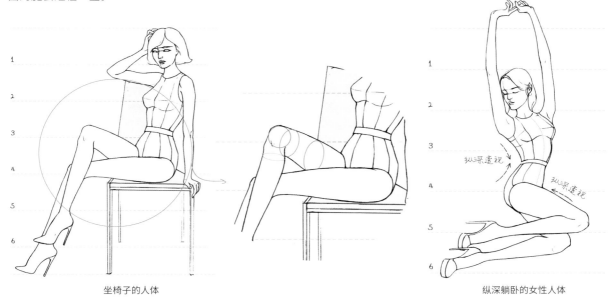

坐椅子的人体   纵深躺卧的女性人体

在绘制横着躺卧的人体时，因为腿部是蜷起的，所以需要注意透视关系，不能按普通的头身比例来绘制，要多用对比的方法绘制。由于透视关系，小腿会显得比大腿长，上半身与下半身几乎一样长。

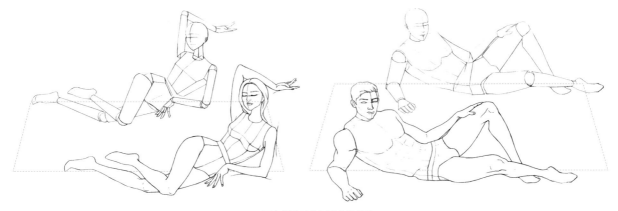

男女躺卧动势图及人体线稿

案例：扭胯的人体

在绘制人体的动态时，要找好肩线、腰线和臀线的位置，让人体的结构经得起推敲。在绘制扭胯的女性人体时，可以适当用曲线来表示。

01 画一条中心线，依照中心线来绘制人体的动势。本例画的是正面站立扭胯的女性人体，呈S形，所以肩线、腰线和臀线扭动的角度相差较大。要先确定好这些辅助线，再画出人体的动势线，描绘出人体的动态。

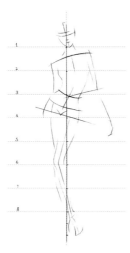

02 用图形概括人体的结构，然后仔细描绘出完整的结构。

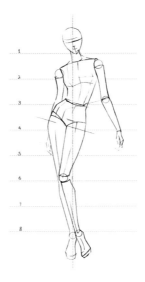

03 描绘人体的外轮廓线，然后擦掉不需要的结构线。注意，在描绘紧绷的肌肉的线条时，要表现出紧实而有力的效果。

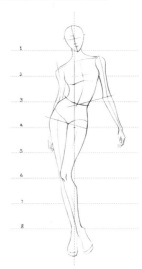

04 刻画人物的五官和头发，擦掉不需要的辅助线，并画出清晰的线稿。

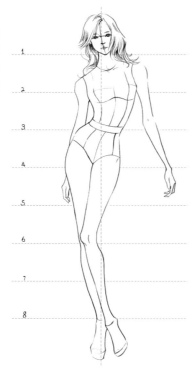

05 进行简单的上色，突出人体的立体感和明暗关系，完成绘制。

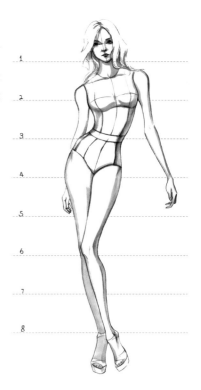

第 3 章

不同单品的
表现技法

25 帽子的表现技法

帽子本来是用来御寒或遮阳的，现今成了一种时尚单品，各种颜色和各种款式的帽子层出不穷。不同的帽子搭配同样的时装，也会展现出不同的时尚风格。

帽子分为帽檐和帽冠两大部分，有的款式还会有帽带。帽檐如圆片，与帽冠透视一致，在绘制时要注意透视关系。

在绘制帽子的体量关系时，可将其看成圆柱体，找到明暗交界线后，再进行晕染和刻画。

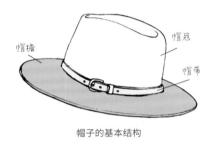

帽子的基本结构

帽子的透视效果

帽子暗部关系的塑造

帽子按照款式可分为八角帽、渔夫帽、猎鹿帽、无边针织帽、贝雷帽、鸭舌帽、瓜皮帽、巴拿马草帽、礼帽、棒球帽、牛仔帽等多种款式。在时装画绘制中，要多去观察不同款式帽子的特征，以绘制出各种漂亮的帽子。

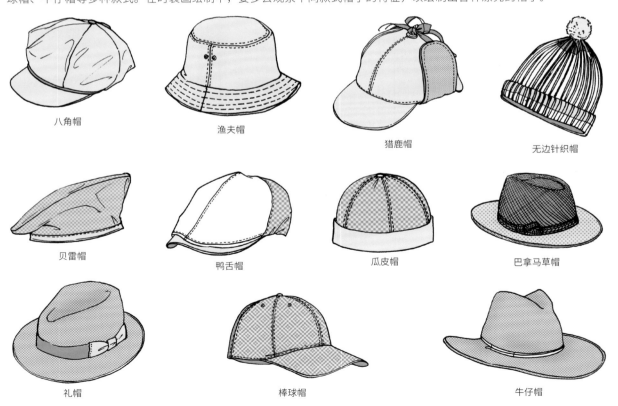

八角帽　　　　渔夫帽　　　　猎鹿帽　　　　无边针织帽

贝雷帽　　　　鸭舌帽　　　　瓜皮帽　　　　巴拿马草帽

礼帽　　　　棒球帽　　　　牛仔帽

案例：3/4视角草编棒球帽

本例绘制的是一款3/4视角的草编棒球帽。在绘制时，要抓住棒球帽的款式特征，并注意帽子与人物的透视关系。

01 用自动铅笔概括出人物和帽子的外轮廓，帽子要包裹住人物头部的轮廓，然后根据面部的轮廓绘制出五官。注意，棒球帽的帽檐是弯曲的，帽檐弯曲的角度需一致。

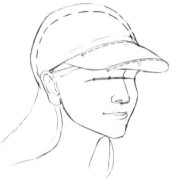

02 根据画好的轮廓，详细地描绘五官、头发、帽子和发带的线稿。

03 绘制帽子、头发、眼球和面部的暗部。在绘制帽子和头发时，可以用两种颜色相互晕染和叠加，让颜色更丰富；在铺头发的颜色时，可一组一组地绘制。

头发：	帽子：
COPIC E31	COPIC Y11
COPIC B34	COPIC Y21

瞳孔：	暗部：
COPIC B34	COPIC BV31

04 绘制皮肤的颜色，并塑造五官和人物妆容。继续刻画头发的层次感，加重头发暗部的颜色。

皮肤	嘴巴
COPIC E00	COPIC RV34
COPIC E51	头发
COPIC E41	COPIC E43

05 用针管笔进行整体勾线。勾勒头发、五官和帽子的线条，然后用软头水彩笔勾勒帽子上的发带。用马克笔塑造帽子的立体感，用软头水彩笔加深帽子的明暗交界线和暗部，体现帽子的质感。

帽子：

COPIC针管笔0.1mm暖灰色	MARVY OY841
软头水彩笔深灰色	COPIC E31

案例：侧视角礼帽

本例绘制的是一款礼帽。在绘制时，要表现出帽子面料的质感，并塑造帽檐上翻的立体感。

01 用自动铅笔概括出人物和帽子的外轮廓。帽子要包裹住人物头部的轮廓，然后用直线概括出侧面五官的形态。

02 描绘线稿，绘制出五官、睫毛和发带等细节。将额头、鼻梁、鼻翼和唇瓣等带有弧度的轮廓细致地绘制出来。

03 用马克笔绘制帽子、头发、发带和皮肤的底色。在绘制皮肤的底色时，找到人像面部的明暗交界线，将亮面留白。

帽子：	发带：
COPIC E43	COPIC W5
COPIC E44	COPIC W7

头发：	皮肤：
MARVY E867	MARVY OR824
COPIC E35	

04 绘制帽子和面部的颜色，并塑造五官和妆容，然后刻画头发的层次感，加重头发暗部的颜色。在绘制亮面的皮肤时，要使其与暗面的颜色融合在一起。

头发：	发带：
COPIC E37	COPIC E57
COPIC E33	嘴巴：
皮肤：	MARVY R808
MARVY P780	COPIC E07
MARVY R810	

05 铺帽子亮面的颜色，塑造帽檐上翻的立体感。用针管笔进行整体勾线，然后用软头水彩笔勾勒出帽子的轮廓线，让帽子更硬朗。用白色高光笔点缀帽檐的高光，用马克笔概括衣领的颜色，最后整理细节，完成绘制。

		衣领：	帽子：	
COPIC针管笔 0.1mm暖灰色	软头水彩笔 深棕色	COPIC E43	COPIC E31	樱花白色高光笔

26 头巾的表现技法

头巾这一元素带有浓浓的地域风情，常常是时尚秀场上一道亮丽的风景线。其多样性的花纹和丰富的颜色，在时尚搭配上极具吸引力，时尚达人们可以用头巾来展现复古风潮。在绘制头巾时，要绘制出头部被头巾包裹的层次感和立体感。

案例：蝴蝶结头巾

本例绘制的是一条蝴蝶结头巾。在绘制时，要注意头巾与人物头部的包裹关系，并勾勒出蝴蝶结的褶皱。

扫码观看视频

01 用自动铅笔绘制出详细的线稿，并用针管笔进行勾线。在起稿时，注意头巾要包裹住前额，让头部富有立体感，并清晰地绘制出表现头发的线条。由于这张图的细节很多，因此用针管笔勾勒出线稿，以便后续的上色。

02 绘制画面的重色。用软头马克笔的笔尖绘制头发、衣领和耳坠的暗色。用方头马克笔绘制头巾的底色，接着绘制头巾的暗部，留出头巾的亮面。

头发：

COPIC E44

衣领和耳坠：

COPIC W7

头巾：

COPIC W5

COPIC W7

03 绘制面部的皮肤和妆容，以及颈部的皮肤。绘制头巾亮部的颜色，将其与头巾暗部的颜色自然地融合。接着刻画耳坠的明暗关系。

皮肤：

MARVY OR822

MARVY OR824

COPIC E41

头巾：

COPIC W3

嘴巴：

COPIC E04

COPIC E07

耳坠：

COPIC N5

COPIC N3

04 深入塑造。用软头水彩笔的笔尖加深头发的重色，刻画头发的质感，然后晕染面部的皮肤和妆容。绘制衣领的褶皱，并用白色高光笔塑造耳坠和五官的高光，用针管笔勾勒耳坠的线条。最后用软头水彩笔勾勒头巾的轮廓和褶皱，完成绘制。

眼妆：

MARVY E853

COPIC E40

高光：

樱花白色高光笔

耳坠：

COPIC Y15

COPIC针管笔
0.1mm暖灰色

软头水彩笔深灰色

案例：条纹头巾

本例绘制的是一条条纹头巾，可直接将头发系起来，既好看，又方便。在绘制时，要表现出头巾系住头发的效果。

01 用自动铅笔绘制出详细的线稿，注意头发的疏密要得当，并且要富有层次感。塑造出头巾的自然垂坠感，要保持线条的生动感和流畅感。

02 用马克笔绘制出头发、头巾和皮肤的底色。在绘制头发时，用笔尖叠加绘制发丝的暗部，以塑造头发的明暗关系。

头发：

COPIC W3

COPIC W5

头巾、皮肤：

COPIC E41

03 用马克笔加深头巾
的中间色和暗面，
然后叠加冷灰色，进行多次
晕染，以塑造头发的立体感
并体现面料的顺滑感。接着
在头发中叠加一些暖色，这
样可以丰富头发的颜色。

头巾：

COPIC E31

COPIC W3

COPIC BV31

头发：

COPIC YG91

04 用针管笔勾勒头
发、头巾边缘和
绗缝的细节。

COPIC针管笔
0.1mm暖灰色

05 用针管笔绘制头巾的条纹纹理，要保持线条的流
畅感，然后用马克笔再次塑造头巾的立体感。

COPIC针管笔
0.3mm酒红色

头巾：

COPIC E41

06 用针管笔勾勒头巾的边缘，可以使线条分明，让
头巾更有立体感。

COPIC针管笔
0.3mm酒红色

27 围巾的表现技法

围巾可以起到保暖和防尘的作用，在时装搭配中也可起到装饰的作用。围巾能打破一整套服装的沉闷感，可以丰富服装搭配的层次感，吸引人们的目光。佩戴合适的围巾可以更好地提升人物的气色，衬托妆容。

方巾

丝巾

脖套

羊毛围巾

围巾按材质可分为羊毛、棉、丝、莫代尔、人造棉和涤纶等材质。围巾的形状有方形、三角形和长条形等。

方巾/丝巾： 方巾是指方形的丝巾，一般丝巾的面料都比较轻薄，作为点缀服装的配饰而存在，多被印上装饰感强的繁复的印花、条纹和格纹等图案。面料多以丝、棉和毛为主，在绘制时要体现出面料的光滑质感。

脖套： 脖套一般是将面料相连，形成一个颈圈状，一环或多环套戴，质地较厚，既温暖又时尚。面料多以针织勾线为主，还可以用皮草和棉布等制作。在绘制时，需注意表达出针织的纹理与层叠的关系。

羊毛围巾： 羊毛围巾是以纯羊毛为原料，经加工制作而成的围巾，质感柔软，保暖性佳。在绘制时，要画出浅浅的织布纹理，以表达其细腻的质感。

案例：蝴蝶结式长飘带围巾

本例绘制的是一条蝴蝶结式的长飘带围巾。在绘制时，要注意表达出围巾的层次感和面料的飘逸感。

01 用自动铅笔绘制出清晰的线稿，褶皱多用直线和折线进行概括，线条要层次分明。

02 用马克笔的方头大面积绘制围巾的底色，笔触的方向要朝向褶皱的中心。

COPIC B45

03 用软头马克笔的笔尖以扫笔的方式画出围巾的暗部，笔触的尾端可以粗一些。

COPIC B21

> Tips 在绘制浅色的围巾时，可以先铺底色，再绘制暗部，这样颜色不容易显脏。

04 用软头马克笔的笔尖画出颜色最深的褶皱的暗部，并用马克笔进行叠色，丰富围巾的颜色。

褶皱：

COPIC B34　COPIC B00

05 用白色高光笔绘制围巾的高光，塑造出围巾的质感。

樱花白色高光笔

06 用针管笔勾画围巾的轮廓线和褶皱线，这样可以让围巾的层次更加清晰，画面更加完整。

COPIC针管笔
0.1mm暖灰色

案例：针织长围巾

本例绘制的是一条针织长围巾。因为是针织面料，所以在绘制时要注意表达出针织的粗糙感。

01 用自动铅笔绘制出清晰的线稿，不要将线条画得太重。

02 用马克笔顺着围巾肌理的方向为围巾铺底色，然后在褶窝处加一些冷灰色，以增强围巾暗部的颜色。

COPIC E41

COPIC BV31

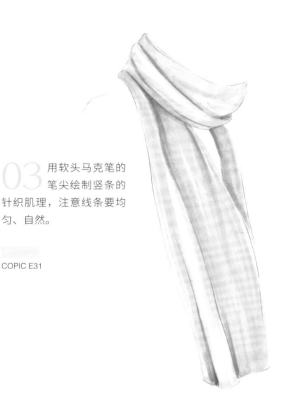

03 用软头马克笔的笔尖绘制竖条的针织肌理，注意线条要均匀、自然。

COPIC E31

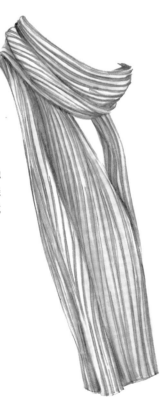

04 用针管笔清晰地勾勒围巾的线条，然后整理细节，完成绘制。

COPIC针管笔
0.1mm暖灰色

28 太阳镜的表现技法

时尚流行元素总是在不断地变换及反复，太阳镜这件时尚单品一直活跃在时尚圈。太阳镜不仅可以在强光下保护眼睛免受光线的伤害，而且可以修饰脸形，增加时装造型的时尚感。

太阳镜架是太阳镜的重要组成部分，主要起到支撑镜片的作用，其材质主要有金属、塑料、树脂和天然材料等，通常由镜框、鼻托、鼻桥、镜腿和铰链等部分组成。太阳镜按样式分类，可分为全框、半框和无框等类型。在绘制太阳镜时，要表达清楚透视关系，同时要刻画出不同太阳镜的质感。

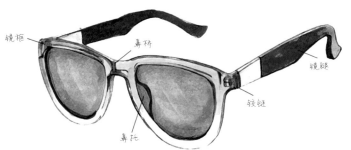

案例：绿色大圆框太阳镜

本例绘制的是一副绿色大圆框太阳镜。镜框的材质是金属的，有一种复古的时髦气息。在绘制时，要着重表现出镜片的透明效果，刻画出太阳镜的质感。

01 用自动铅笔按照"三庭五眼"的比例绘制人物正面的线稿，注意线条要清晰，头发要富有层次。

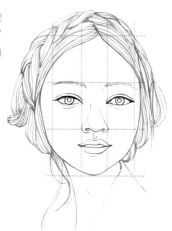

02 镜片大概占一庭的比例，根据参考线绘制出圆形的太阳镜轮廓。

03 根据眼镜的轮廓绘制出太阳镜的线稿，以及鼻桥和鼻托等。

04 用马克笔绘制头发和太阳镜的底色。在绘制头发时，线条要流畅、生动。用软头马克笔的笔尖叠加暗部颜色，塑造头发的层次感和立体感。

头发和瞳孔：

COPIC W5　　COPIC W7

镜片：

COPIC G21

05 用马克笔继续绘制人物皮肤的底色，并刻画五官，然后丰富头发的颜色，用软头水彩笔刻画发丝。

皮肤：　　　　**头发：**

COPIC E00　　COPIC YG91

COPIC E41　　软头水彩笔
　　　　　　　深灰色

COPIC E11

嘴巴：

COPIC E04　　**阴影：**

COPIC E02　　COPIC BV31

06 用马克笔晕染镜片，让镜片的颜色更饱满，色块更融合。绘制出镜片斜条的光感纹理，接着用白色高光笔画出精致的高光。用针管笔勾勒镜框和五官的轮廓，注意线条要流畅、清晰。最后整理细节，完成绘制。

COPIC针管笔
0.1mm暖灰色　　　**纹理：**

镜片：　　　　COPIC B34

COPIC YG41　　樱花白色高光笔

案例：彩色猫眼太阳镜

　　猫眼太阳镜的镜框下端呈半圆状，外眼角处上翘，外形像猫咪的眼睛，有一种慵懒、俏皮和骄傲的感觉。在绘制时，要注意描绘出镜框外眼角处翘起的状态。

01 用自动铅笔根据透视线框的参考线和侧面人物的比例绘制出线稿。要表现清楚画面的细节，例如太阳镜、发丝、头巾和耳环等。

02 用针管笔勾勒线稿，要保持线条的自然和流畅。

03 用马克笔绘制人物面部和颈部的暗部，然后晕染发丝的暗部，以塑造画面的暗部关系和人物的立体感，接着晕染镜片的底色。

面部和颈部：

COPIC W1

COPIC BV31

镜片：

COPIC BV23

COPIC V15

头巾：

COPIC E04

Tips 在绘制头发时，可将冷色和暖色结合起来绘制，让头发的颜色更丰富。

04 画出皮肤、嘴唇、镜框、镜片、头巾、耳环和发丝的底色。在绘制皮肤时，要留出亮部；在绘制脸颊时，可晕染出腮红的颜色；在绘制头发时，用浅色铺底，然后用深色晕染暗部，以塑造出头部的立体感。

皮肤：	头发：	耳环：	腮红：
COPIC E00	COPIC Y00	COPIC Y21	COPIC RV21
COPIC E41	COPIC E41	COPIC E43	镜框和头巾：
COPIC E11	COPIC YG91		COPIC R20
COPIC E31			

05 深入刻画。用马克笔晕染面部，让颜色更均匀。勾勒出头巾的褶皱和暗部。晕染镜框和镜片，刻画出镜框于面部的暗部，让眼镜与面部的关系更为分明。用白色高光笔绘制高光，如镜片的高光、镜框的高光、耳环的高光和发丝的高光等。最后用针管笔勾勒细节，例如发丝、眉毛、镜框和耳环等。

皮肤：	头巾：	镜片：		
MARVY R812	COPIC V12	COPIC BV31	樱花白色高光笔	COPIC针管笔0.1mm暖灰色
COPIC E41				
镜框：				
COPIC R32				

29 包的表现技法

　　包按功能可分为钱包、钥匙包、零钱包、手拿包、背包、挎包和公文包等。包不仅可以存放个人物品，还能体现出一个人的身份、地位、喜好和性格。基于不同的设计风格，不同的场合需求，女性的包饰已衍生出各种各样的形式，它是时尚搭配中不可缺少的单品。

　　包的款式非常多，我们可以多绘制包的款式图和效果图，以增加对包的了解和刻画。每款包都有其绘制时要表达的重点，只有多积累才能更好地掌握不同包的表现方法。

多种包的款式图

多种包的效果图

案例：绸缎手拿包

本例绘制是一个绸缎面料的手拿包。在绘制时，要表现出面料的质感，同时要表现出包的层次感。

01　用自动铅笔画出包的大体轮廓，可以将线条画得轻一些。

02　用自动铅笔根据草稿绘制出清晰的线稿，表现出包的层次感。中间的系带将缎面包系出了褶皱，在绘制褶皱时，注意线条要流畅、生动。

03　用软头马克笔的笔尖画出流苏和包面的褶皱、暗部。

 COPIC W5

COPIC Y26

COPIC V09

04　留出亮面，用马克笔画出流苏、系带和包的底色，然后平涂包的亮面。

包：

COPIC V17

COPIC V15

COPIC V12　系带：

COPIC BV00　COPIC Y21

05　加深包暗面的颜色，表现面料顺滑的质感。用金色油漆笔刻画包的金色包边、系带、饰珠和流苏。接着用银色油漆笔绘制系带的珠子，用白色高光笔绘制包的缎面、包边和系带的高光。

COPIC V06　COPIC BV31　银色油漆笔

COPIC V09　金色油漆笔　樱花白色高光笔

06　用针管笔进行整体勾线，让包的形态分明，效果更加立体。用金色油漆笔勾画珠饰和系带的肌理纹案。

金色油漆笔　　樱花针管笔0.1mm黑色

案例：双皮拼接手提包

本例绘制的是一个双皮拼接手提包。在绘制时，要仔细刻画包的细节，例如卡扣、包带和金属装饰等，并塑造出不同细节的质感。

扫码观看视频

01 用自动铅笔概括出包的轮廓，要表现出包的立体感。

02 用自动铅笔根据草稿绘制出清晰的线稿，勾勒出包带、手带的厚度和装饰等细节。

03 用针管笔勾勒包，注意线条要流畅、自然。

COPIC针管笔
0.1mm暖灰色

04 用方头马克笔绘制包身和包带的底色，然后绘制斜纹皮面的底色。

包身：

COPIC C7	COPIC C6	COPIC BV23	COPIC C5

包带：

COPIC BV23	COPIC C5

05 用马克笔绘制金属配饰的底色，然后晕染包带，加深包带的立体感。在包的亮面叠加浅灰蓝色，让包的颜色更饱满。

配饰：

COPIC Y13

COPIC B21

COPIC BV31

06 用白色高光笔勾勒包的皮边，用软头水彩笔勾勒名牌袋和包的提手，用淡蓝色绘制包底的反光。

软头水彩笔
深灰色

COPIC B41

樱花白色高光笔

07 用马克笔晕染皮面的转折细节，用白色高光笔绘制绗缝装饰线。用金色油漆笔勾勒配饰的细节，再用针管笔进行整体勾线，勾勒出白色的绗缝装饰线和横纹线，要注意保持线条的均匀、流畅感。

COPIC C4

樱花针管笔0.1mm黑色

金色油漆笔

30 珠宝首饰的表现技法

　　珠宝首饰在时装中有着不言而喻的魅力，简简单单的手表、手链、耳环和项链等配饰均能为造型加分，为时尚造型增添精致感和趣味性，还能提升个人气质。在时装画中，珠宝首饰有时会成为我们表达的主角，在绘制时要表达出珠宝特有的光泽感与质感。

案例：戒指与手环

本例绘制的是戴在手上的戒指与手环。在绘制时，要塑造出戒指和手环的光泽感，并描绘出手部的结构。

01 用自动铅笔绘制出清晰的线稿，注意在起稿时要描绘出手部的骨点和细节。用针管笔勾勒轮廓线，以及戒指和手环的切割面，线条要硬朗一些。

COPIC针管笔
0.1mm暖灰色

02 留出手部的受光面，用马克笔绘制手部的底色和暗部。

MARVY OR824

MARVY E852

03 用马克笔绘制手部，晕染亮面与暗面的皮肤，增加手部的色感和立体感。上色时沿着线稿的轮廓走，不要晕染到线稿之外。

MARVY R813

COPIC BV23

COPIC E41

> Tips 在绘制手部时，可用冷灰色绘制手部的左侧，用暖灰色绘制手部的右侧，让颜色更丰富。

04 绘制手环和戒指暗面的颜色，然后深入刻画并加深暗面的颜色，使其与亮面的颜色融合。

COPIC W3

COPIC W5

COPIC BV23

COPIC C6

樱花白色高光笔

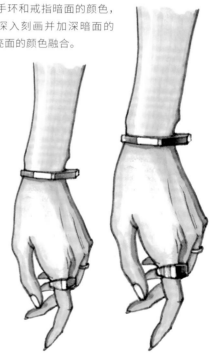

案例：珍珠发卡

本例绘制的是一个珍珠发卡。在绘制时，要表现出珍珠发卡的质感和头发的蓬松感。

01 用自动铅笔绘制线稿。注意脑后的头发蓬松且富有层次感，珍珠发卡的线条要自然、清晰。

02 用马克笔绘制面部和头发的底色。绘制饱和度高的颜色时，可以用两种颜色相互晕染和叠加，趁颜色未干时，让颜色自然地融合在一起。绘制暗面，简单地塑造出面部和头发的立体感。

皮肤：	头发：
MARVY OR822	COPIC Y11
MARVY R812	COPIC Y21
MARVY E853	

03 打造面部的妆容，晕染腮红，加深头发和眼窝的暗色，再绘制发卡在头发上产生的投影。

腮红：

MARVY P783

MARVY P782

头发：

COPIC E43

COPIC E31

04 加深头发的颜色，塑造出头发的层次感，然后绘制唇部的颜色。可以用暖灰色结合冷灰色绘制发卡上珍珠的明暗交界线。

头发：

COPIC E40	COPIC W1	嘴巴：
COPIC E41	COPIC BV31	MARVY P783

05 用马克笔晕染发卡上的珍珠，塑造出珍珠的质感。用白色高光笔刻画珍珠的高光，接着用针管笔勾勒珍珠之间的缝隙和轮廓。晕染珍珠发卡附近头发的暗部，以凸显饰品的立体感。

COPIC W3   COPIC C2   樱花白色高光笔

COPIC针管笔0.1mm暖灰色

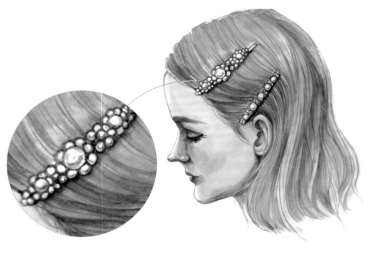

31 鞋子的表现技法

鞋子分为鞋底和鞋帮两部分，可以起到保护和装饰足部的作用。随着时代的发展，鞋子的款式和功能变得多种多样，尤其是女鞋的款式，更丰富多彩。高跟鞋是非常受欢迎的款式，不仅可以增加人的高度，还可以使身体的重心向后移，使腿部挺直、臀部收缩、胸部前挺，使女性的站姿和走姿都富有曲线美。

不同款式鞋子的上色效果

在绘制高跟鞋的时候，可以根据脚尖与脚后端为 1:2 的比例进行绘制。要注意脚下的弧度，鞋跟越高，弧度越大。在绘制草稿的时候，可以用圆形概括脚后跟。

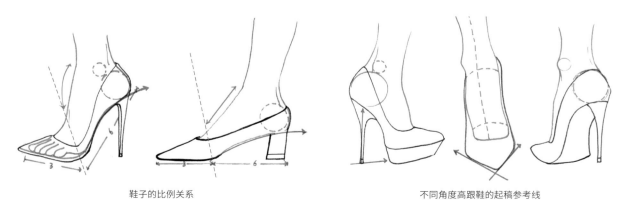

鞋子的比例关系　　　　　　　　　　不同角度高跟鞋的起稿参考线

案例：刺绣蕾丝细跟鞋

本例绘制的是一双刺绣蕾丝细跟鞋。由于是银色和白色的蕾丝，因此在绘制时先画出鞋子的底色，再描绘蕾丝的轮廓，然后用银色油漆笔和白色高光笔勾勒出蕾丝花纹。

扫码观看视频

01 用自动铅笔大概画出高跟鞋的草稿，注意此处无须将线条画得太重。

02 根据草稿，用自动铅笔绘制出详细的线稿。

03 用马克笔绘制皮肤，然后绘制暗部和褶皱的线条，可在暗部中加入一些冷灰色。

MARVY R810

MARVY OR825

COPIC BV31

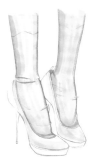

04 用马克笔绘制鞋子和袜子的底色。在绘制袜子的时候，要顺着脚部的方向竖向涂色。注意鞋子是半透明的，先以薄涂的方式上色，然后塑造其半透明感。

袜子：　　　鞋子：

COPIC R20　　COPIC E41

COPIC RV11　COPIC Y13

05 塑造出鞋子的立体感，晕染鞋子和袜子的暗部，让鞋子的前端隐约透出一些灰粉色。

袜子：　　　鞋子：

COPIC V12　　COPIC YG91

　　　　　　COPIC Y21

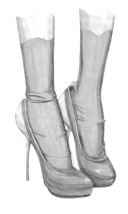

06 用银色油漆笔和白色高光笔绘制出鞋子和袜子上的刺绣蕾丝图案。先绘制银色的部分，然后勾勒白色的部分。

樱花白色高光笔

银色油漆笔

07 用针管笔进行整体勾线。整理细节，完成绘制。

COPIC针管笔
0.1mm暖灰色

案例：绑带尖头船鞋

本例绘制的是一双绑带尖头船鞋。在绘制时，要表现出绑带的穿插关系和鞋子的质感。

扫码观看视频

01 用自动铅笔绘制出清晰的线稿，要表现清楚系带的结构形态。

02 用马克笔绘制皮肤，并塑造脚部的立体感，然后绘制鞋子的暗部。

皮肤：　　　　　　鞋子：

MARVY OR822　　COPIC W7

MARVY OR824

MARVY E853

03 用马克笔绘制鞋面和系带，注意将颜色涂得均匀一些。

COPIC BV23

04 用马克笔绘制鞋底的投影和金属亮片，然后用针管笔勾勒轮廓线，并表现清楚系带的轮廓。

樱花针管笔0.1mm黑色

鞋底：

COPIC N3

COPIC Y21

05 用马克笔绘制鞋身和系带的暗面，并留出受光面。用马克笔叠加皮肤的颜色，让脚部的颜色更饱满、统一。用金色油漆笔勾勒系带和鞋底上金属的暗部，用白色高光笔勾勒系带和鞋身的高光线条。

鞋面：

COPIC C6

皮肤：

COPIC E41　金色油漆笔　樱花白色高光笔

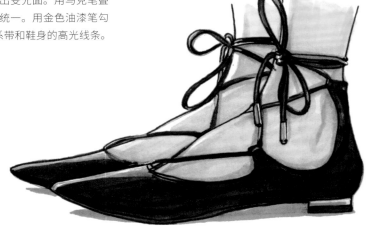

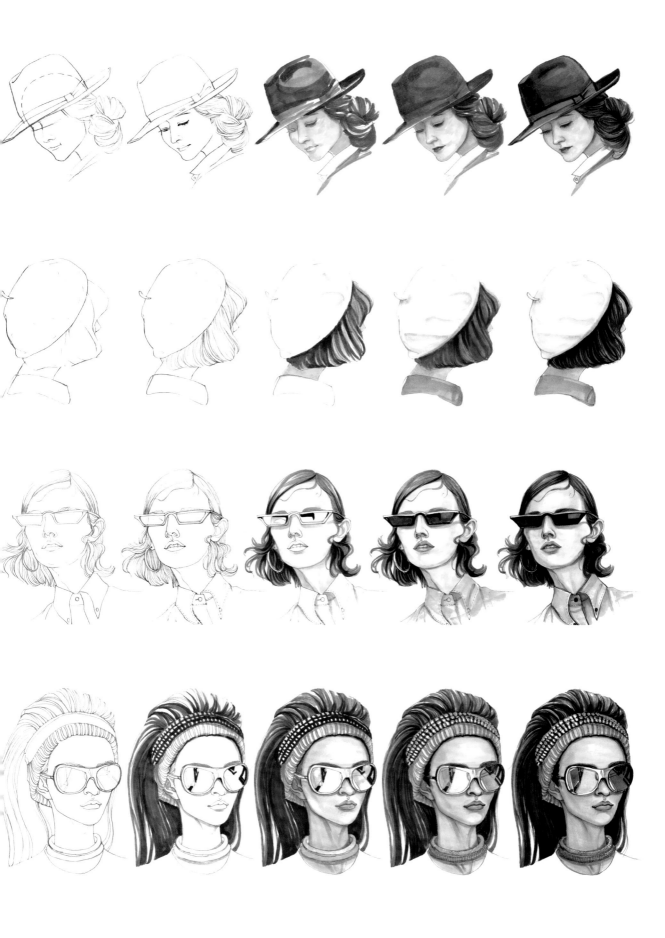

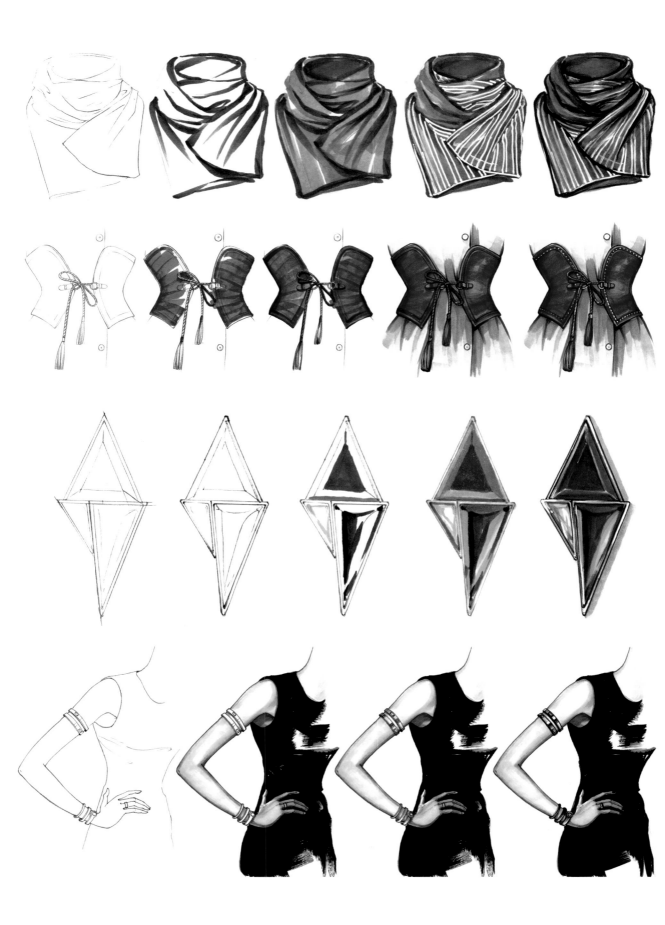

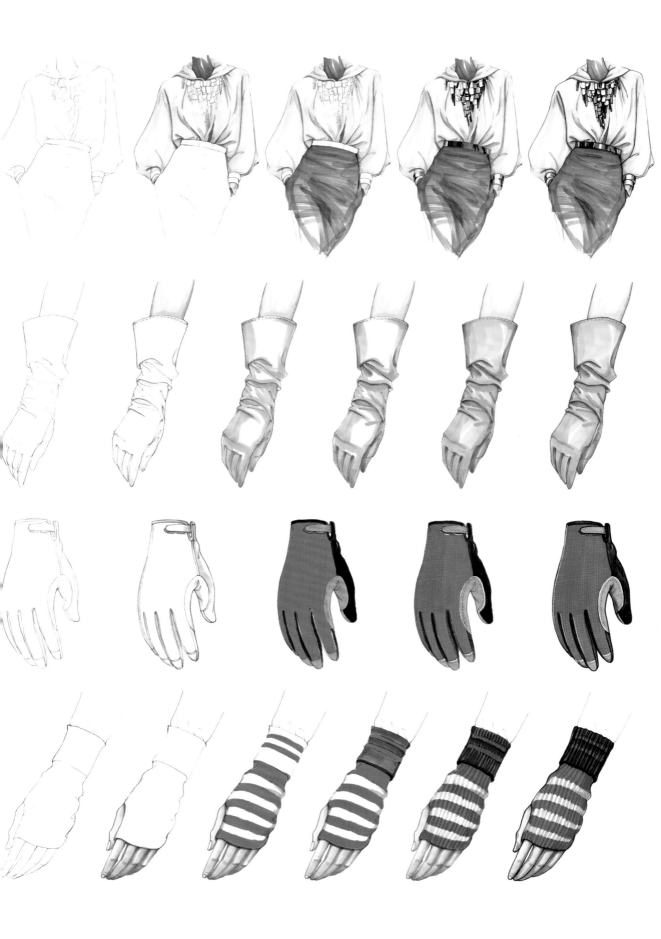

第 4 章

不同细节
装饰的表
现技法

32 蕾丝的表现技法

蕾丝源自衣襟和衣袖上装饰所用的网眼结构的亚麻线手工钩花。蕾丝的做工繁复，耗时长，价格昂贵。现今，蕾丝已成为女性服饰上的重要装饰元素。蕾丝元素经过不同的设计，不仅可以展现出精致奢华之感，还可以展现出梦幻浪漫的感觉。蕾丝可运用于面纱、衣领、手套、袜子、内衣、面料拼接和镶嵌绲边等。

案例：白色蕾丝耳环

本例绘制的是一只白色的蕾丝耳环。在绘制白色蕾丝时，要先勾勒蕾丝的轮廓，然后用白色高光笔描绘。

01 用自动铅笔绘制出清晰的线稿，要将蕾丝花纹画得浅一些。

> **Tips** 在绘制浅色蕾丝时，要保证线条的清晰度，但不能过于硬朗，否则在后期使用马克笔上色时画面会显得很脏。

02 用马克笔绘制颈部的皮肤，并塑造其立体感。

皮肤：

MARVY OR822

MARVY OR824

MARVY E853

03 根据线稿，用白色高光笔勾勒出蕾丝的线条。

樱花白色高光笔

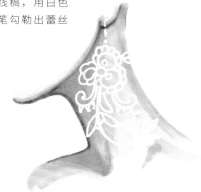

04 用白色高光笔在蕾丝的线条中填充短小的条纹。

樱花白色高光笔

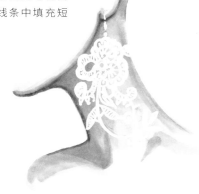

05 用针管笔勾勒蕾丝和人物颈部的轮廓。

COPIC针管笔
0.1mm暖灰色

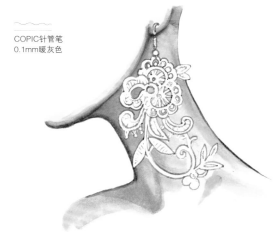

06 用马克笔勾勒出蕾丝在人物身上的投影，这样可以突出蕾丝，塑造出蕾丝与人物之间的空间感。

MARVY E853

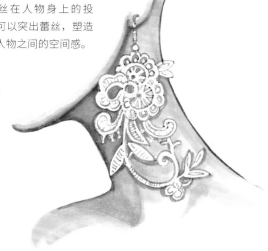

33 抽褶的表现技法

　　抽褶也称缩褶，是一种服装装饰工艺，也是服装设计的经典元素。抽褶是将布料通过反复折叠、缝线、收紧、固定，把较长或较宽的服装面料缩短或变窄，使面料呈现抽褶的效果，既能使服装舒适合体，又能增强装饰的效果。抽褶是女装设计的经典元素，它使原本普通的服装显得立体、跳跃起来，通常设计抽褶的地方是领部、胸部、肩部和腰部等。

案例：红色抽褶裙

本例绘制的是一条红色抽褶裙。在绘制褶皱较多的服装时，可以先将褶皱分组，画出骨骼线来，然后添加较密的线条，类似头发的画法。

01 用自动铅笔绘制出服装的褶皱线。注意，图中标注的箭头方向是褶皱的走向。

Tips 在绘制线稿时，可先绘制出衣服褶皱的大概走向，然后增加褶皱的线条。

02 用自动铅笔添加褶皱线，要保持线条的流畅感。

03 用软头马克笔的笔尖绘制抽褶的阴影和人体皮肤的暗面，区分出画面的明暗关系。绘制皮肤，塑造人物的立体感，接着绘制褶皱处的线条，运笔要快。

皮肤：　　抽褶：

MARVY R812　COPIC R59

MARVY OR824　COPIC BV31

MARVY E852

04 用马克笔绘制服装的暗部和中间色，笔触要流畅、飘逸。

COPIC E07

05 留出裙身的亮面，用方头马克笔大面积地绘制裙身的底色。

COPIC R24

COPIC R27

06 用粉色以薄涂的方式塑造抽褶的亮面，然后在裙身的抽褶上添加重色的线条，以塑造抽褶的立体感和层次感。

COPIC R20

MARVY E858

COPIC R59

07 用针管笔整体勾线，刻画人物躯干、衣身褶皱和绗缝等细节上的线条。勾线时要注意衣身抽褶的起伏变化，并交代清楚抽褶的遮挡关系。

COPIC针管笔0.1mm棕色

34 荷叶边的表现技法

荷叶边是一种服装的装饰工艺，也是服装设计的经典元素，其形状像荷叶，多用于衣领或裙摆等部位的设计。荷叶边一般是用弧形或螺旋的方式进行裁剪的，沿内弧线缝制在衣片上，外弧线自然散开，形成荷叶状的曲线。也有结合打褶进行缝制的，可以增加波浪的起伏感。

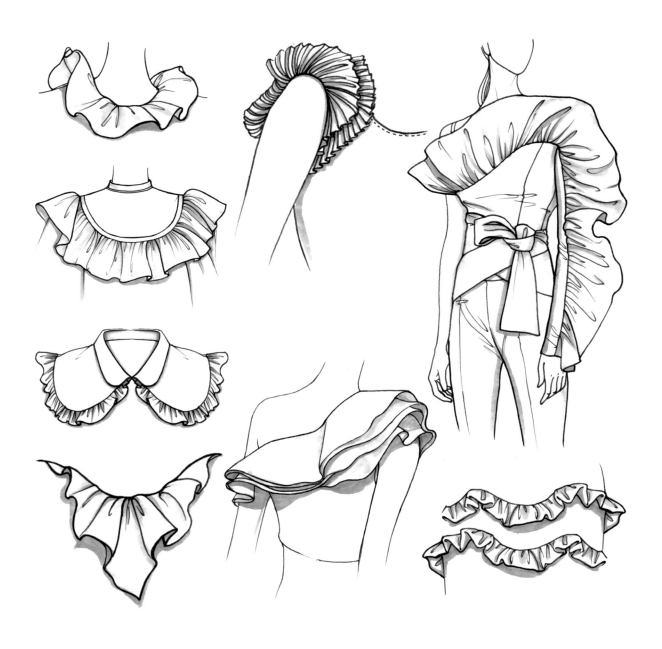

案例：粉色荷叶边裙子

本例绘制的是一条粉色荷叶边裙子。在绘制荷叶边时，要表现出层次感；在绘制褶皱时，要将线条画得粗一些。

01 用自动铅笔绘制出裙身的裙摆和褶皱的线条，注意，图中标注的箭头方向是褶皱的走向。

02 用自动铅笔添加褶皱线，荷叶边柔美而优雅，要保持线条的流畅感和生动性，让其富有曲线感。

03 用软头马克笔的笔尖绘制裙身褶皱的阴影，要保持线条的流畅感。

MARVY E852

04 用马克笔绘制裙身的中间色，注意浅色裙子中间色的饱和度比较高。

COPIC RV21

05 用马克笔加深褶皱阴影的重色，拉开颜色的对比度，加强裙身的层次感。

COPIC RV04

Tips 注意在绘制低饱和度颜色的服装时，亮部的饱和度相对较低，中间色的饱和度相对较高。

06 用马克笔大面积绘制裙身的底色，笔触要顺着裙摆的方向绘制。

MARVY P780

07 用针管笔勾勒裙子的轮廓线和褶皱线，线条要流畅、自然。注意表达裙子的厚度，裙摆的边缘都是带有弧度的。

COPIC针管笔0.1mm棕色

35 蝴蝶结的表现技法

　　蝴蝶结是时尚界经久不衰的流行元素，可用于服装的方方面面。可用于领口、肩带、袖口、帽子、手套和鞋子等位置，也可用于服装胸前和背后，还可以单独作为领结、发卡和胸针等装饰。

案例：紫色蝴蝶结

本例绘制的是一个紫色蝴蝶结。在绘制时，要注意蝴蝶结的褶皱和外轮廓的表现，保持线条的流畅感。

01 用自动铅笔绘制出清晰的线稿，要将褶皱画得自然、生动一些。

02 用软头马克笔的笔尖绘制蝴蝶结褶皱处的阴影，笔触要流畅。

COPIC BV23

03 用马克笔的方头以扫笔的方式概括出蝴蝶结的明暗交界线和暗部。

COPIC BV23

04 留出蝴蝶结的亮部，然后用马克笔绘制蝴蝶结的底色，并塑造蝴蝶结的立体感，画出褶皱处的细节。

COPIC BV00

COPIC BV31

05 用软头水彩笔勾勒蝴蝶结的轮廓线和褶皱处的细节，线条要流畅，并且要有粗细变化。

软头水彩笔
深灰色

06 用马克笔绘制蝴蝶结底端的投影，这样可以让蝴蝶结更显立体。

COPIC C5

Tips 勾线时要注意线条的变化，褶皱汇集处的线条要粗一些，边缘的线条要自然、流畅。

36 内衣的表现技法

内衣是指贴身穿的衣服，包括肚兜、汗衫（长袖、短袖、背心）、短裤、抹胸和文胸等。内衣的面料具有透气性、舒适、富有弹性且易于定形，常常使用丝质和蕾丝等轻薄的材质来装饰内衣。在绘制内衣时，要注意表达面料的质感，突出内衣的特质。

案例：飘纱内衣

本例绘制的是一套飘纱内衣。在绘制时，用水彩表达内衣薄透的质感和飘逸的效果。

01 用自动铅笔在水彩纸上绘制出清晰的线稿，然后用橡皮擦淡线条，能看到浅浅的线条即可。

Tips 因为是用水彩上色，而且绘制的是浅色的衣物，所以线条不能太重，否则会使画面显得很脏。

02 用大排刷在画面上大面积地扫一些黄色，作为底色。在画面半干时，淡淡地晕染出人物皮肤的底色。

底色：

655土黄

474锰紫

218透明橘

肤色：

229那不勒斯黄

214 无铅铬橘

655土黄

03 用中号的水彩笔或毛笔继续为人物的皮肤和头发铺色，塑造出人物的明暗关系。在绘制头发时，用笔尖勾勒线条，表现层次。

皮肤底色：

229那不勒斯黄

214无铅铬橘

218透明橘

头发：

214无铅铬橘

661熟赭石

668熟褐

皮肤暗部：

229那不勒斯黄

494细群青

661熟赭石

腮红：

363猩红

04 用水彩继续绘制人物的皮肤和头发的颜色，加深面部轮廓和人体的暗部。在绘制亮面的皮肤时，将高光留出，让白色的衣物凸显出来。

皮肤底色：

229那不勒斯黄

214无铅铬橘

218透明橘

皮肤暗部：

229那不勒斯黄

494细群青

661熟赭石

腮红：

363猩红

头发：

214无铅铬橘

661熟赭石

668熟褐

05 蘸取白色颜料，将其与少许的水进行调和，然后浅浅地勾勒出白色薄纱的暗色和亮色的线条。

白色颜料

06 用水彩继续以扫笔的方式勾勒出人物整身白纱的飘逸感，加深人物皮肤的暗部。刻画内衣的层次感、体量感和细节，用白色高光笔绘制一些高光。

白色颜料

樱花白色高光笔

皮肤暗部：

668熟褐

661熟赭石

07 用马克笔叠加人物皮肤的颜色，塑造其立体感，让人物的颜色更丰富。用冷色绘制人物的暗面，用暖色绘制人物的亮面，用白色高光笔和白色颜料将飘逸的白纱塑造出来，注意高光的线条要流畅。用针管笔强调薄纱和衣身的部分线条，突出画面的明暗关系和衣身的形态。

白色颜料

樱花白色高光笔

皮肤：

COPIC E31

COPIC B41

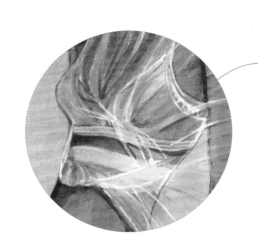

37 泳装的表现技法

泳装是指在水中或海滩活动时穿的专用服装。现代女性泳装的色彩、质料和款式都非常多样，一般采用遇水不松垂、不鼓胀且具有弹性的纺织品制成。在绘制泳装时，要根据不同的服装款式来表现出青春洋溢或性感迷人的时装氛围。

案例：双人泳装

本例绘制的是双人泳装。在绘制时，要将人物的身体线条表现得饱满一些，深入塑造皮肤光滑的质感。用马克笔和白色高光笔描绘出衣服上的格纹。

01 用自动铅笔概括出人物和服饰的大体轮廓，并将骨点和肌肉的转折概括出来。

02 用自动铅笔根据草稿归纳出详细的线稿。绘制出泳装的分割线、草帽的纹理、发丝和五官等。

03 用针管笔勾勒出详细的线稿，要注意保持线条流畅、自然。

COPIC针管笔
0.1mm暖灰色

04 用马克笔勾勒人体的暗部。在勾勒深色的暗部时，可多叠加几次颜色，使颜色过渡更自然。

MARVY OR825

MARVY OR824

05 用马克笔大面积地绘制皮肤的亮面，并留出高光。在铺色的过程中，要塑造人物的立体感，体现出自然健康和皮肤光滑的质感。

皮肤：

MARVY R810

MARVY OR822

腮红：

COPIC YR00

06 用软头马克笔的笔尖绘制人物的头发和唇部妆容。在绘制头发时，要表现出层次感和光泽感。

头发：

COPIC W5

COPIC W7

唇部：

MARVY R808

MARVY R837

07 用方头马克笔绘制泳装上的图案。在绘制格子图案时，要注意透视关系，要将人体的起伏弧度表达出来。绘制草帽的底色，然后用笔尖绘制草帽的纹理，将其层次感塑造出来。

泳装：

COPIC R20

COPIC R24

草帽：

MARVY OR823

COPIC E51

COPIC E43

08 用圆头马克笔勾勒泳衣上的红色小格子，要注意透视关系，将人体的起伏弧度表达出来。用白色高光笔表现出粉色小格子的线条，然后点缀唇部的高光，并勾勒出草帽的高光。

樱花白色高光笔

COPIC RV04

09 用针管笔进行整体勾线，强调泳衣的边缘和分割线等细节，然后刻画头发和五官。在勾勒人体的轮廓线时，要注意随着肌肉的起伏进行勾勒，这样会让人物更显饱满。

樱花针管笔0.1mm黑色

38 职业装的表现技法

职业女装是指从事办公室或其他白领行业工作的女性在上班时的着装。现代女性的穿着打扮更灵活、更富弹性，通过搭配衣服、鞋子、发型、首饰和妆容，可以使之职业形象更完美、和谐，能体现出女性的成熟魅力。在塑造职业女性时装画时，还要塑造好其妆容和配饰。

案例：职场人物组合装

本例绘制的是职场人物组合装，采用了对称式的构图，让人物组合更和谐、自然。在绘制时，要运用马克笔和镂空纸片为服装铺色。

01 用自动铅笔画出人物和服饰的大体轮廓，多以直线进行概括。本例采用的是对称式的构图，运用一个墙角的转折让两个人背靠墙体，呈现自然的3/4侧面。人物靠墙微微有些驼背含胸，两腿一条支撑，一条弓起。

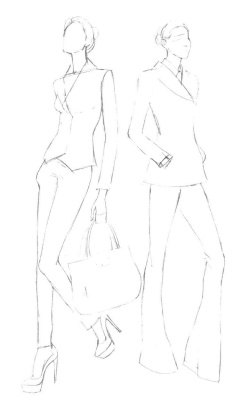

02 根据草稿画出详细的线稿，画出墙角线、
衣服的分割线、服饰的绗缝装饰线、衣褶、
纽扣、包的细节、人物的发丝和五官等。

04 用马克笔画出人物的皮肤和头发的底色，并晕染
阴影，塑造出立体感。打造面部的妆容，在面颊
晕染橘色，表现出人物的底妆，接着绘制唇妆和眼妆。

皮肤：	头发：	唇部：
MARVY OR822	COPIC E44	COPIC R39
MARVY OR824	COPIC W3	COPIC R37
MARVY R812		
MARVY E853		

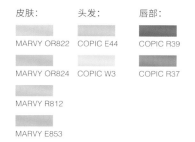

Tips 在绘制头发时，要用笔尖以线条的方式进行绘制。

03 用针管笔勾勒出详细的线稿，注意线
条要保持流畅和自然。

COPIC针管笔
0.1mm暖灰色

找一张硫酸纸或半透明的马克笔纸,将人物的服装轮廓透印出来,然后用刻刀或剪刀将服装的轮廓镂空雕刻出来。下面为完成镂空的纸片效果,准备上色。

工具:

刻刀
剪刀
硫酸纸/半透明马克笔纸
胶带

06 将镂空的纸片覆盖在草图上,并用胶带将边缘固定好,接着用宽头马克笔快速地绘制出服装的底色。注意要以薄涂的方式进行绘制,边缘的颜色可以深一些。

COPIC C9

07 用马克笔的笔尖勾勒出服装的结构褶皱和阴影。绘制包和鞋子的底色,并塑造包和鞋子的立体感。

西装:

COPIC C10

包和鞋子:

COPIC C5

COPIC BV23

COPIC W3

08 用马克笔绘制人物在墙面的阴影，将墙面的立体感塑造出来。

COPIC C2

COPIC C4

09 深入塑造衣服、包和鞋子的质感。用白色高光笔勾勒包的高光，然后勾勒裤侧线、领子的线条和纽扣的高光。用软头水彩笔勾勒衣服、包和鞋子的轮廓线，让人物更加立体。

COPIC C7　COPIC N3　软头水彩笔　樱花白色高
　　　　　　　　　　深灰色　　　光笔

39 运动装的表现技法

运动装原指专用于体育运动竞赛或从事户外体育活动所穿的服装，现多泛指用于日常生活穿着的运动休闲服装。现在运动装的设计更加时尚，面料透气，材质轻薄，颜色较亮。在绘制时可以着重表达其舒适感或运动感。

案例：女性休闲装

扫码观看视频

本例绘制的是一套女性休闲装。在绘制时，要表达出服装特有的标识、拉链、绗缝明线和拼接分割线等细节，并刻画出运动装的面料质感。

01 用自动铅笔浅浅地画出人物的动势和服饰的大体轮廓。注意多以长直线进行概括，要表现出动势和摆动的裙摆。

02 根据草稿画出详细的线稿。整体的线条要流畅且富有动感，外套是轻薄的防雨绸质感，线条要偏硬朗、纤细一些；运动打底裤是贴身的，线条要紧实而富有力量感；半透明的纱裙是有厚度的，要用线条表达出垂坠感。详细绘制出其他细节，例如衣服的分割线、门襟、兜片、鞋子的拼接图案、衣裙的褶皱和头发的线条等。

03 用针管笔勾勒出详细的线稿，线条要流畅和清晰。用橡皮擦去铅笔线稿。

〜〜〜

COPIC针管笔0.1mm暖灰色

04 用马克笔绘制人物皮肤和头发的底色，晕染阴影，塑造立体感。在嘴唇处晕染橘粉色，将人物的底妆表达出来。

皮肤：

COPIC E00

COPIC E21

唇妆：

COPIC RV34

COPIC RV21

头发：

COPIC W3

COPIC E31

05 用宽头和方头马克笔大面积地绘制外套、裙子、裤子、鞋子和包的底色。注意裙子是半透明的，会透出裤子的颜色，需根据裙褶的走向用条状的笔触绘制裤子的底色。

外套：

COPIC B29

COPIC YG41

裙子：

COPIC G21

裤子：

COPIC N5

鞋子和包：

COPIC N7

06 用马克笔绘制外套、裙子和包的颜色，让其颜色更饱满。用马克笔的笔尖刻画外套和裙摆的褶皱线，并加深头发的颜色，塑造画面的明暗关系。

头发：

COPIC E44

外套：

COPIC B37

COPIC B45

COPIC YG41

裙子：

COPIC YG17

褶皱：

COPIC E40

COPIC C2

包：

COPIC C4

COPIC C8

07 深入塑造服饰的质感并刻画服饰的细节。用马克笔加深外套的颜色，让其面料质感更顺滑。用软头马克笔的笔尖加深裙子褶皱的重色，结合方头笔以扫笔和平铺的方式塑造裙子的褶皱，加深裤子的颜色。

外套：

COPIC B45

COPIC G02

裙子：

COPIC G21

COPIC G28

COPIC G99

08 用白色高光笔对服饰的细节进行提亮，例如裤腿的条纹、裙子的高光和包的装饰等。用宽头马克笔在人物的右侧以扫笔的方式画出背景，增加画面的律动感，然后加深鞋子的颜色。

COPIC G21

樱花白色高光笔

09 用针管笔进行整体勾线，强调衣物的轮廓和细节，让画面更突出。用白色高光笔绘制出背带上的装饰线条，再用亮一些的蓝绿色点缀肘关节和脚旁的背景，来丰富背景色。

樱花针管笔0.1mm黑色

樱花白色高光笔

COPIC BG10

40 婚纱的表现技法

婚纱是婚宴时新娘穿着的西式服饰。婚纱来自西方，可单指身上穿的服饰配件，也可以包括头纱、捧花的部分。婚纱的颜色多以白色为主，有蓬裙形和A字形等多种款式。在绘制婚纱时，要凸显出婚纱的优美与圣洁。

案例：白色抹胸蕾丝婚纱裙

本例绘制的是一条白色抹胸蕾丝婚纱裙。在绘制时，可先绘制背景，让画面更有氛围感，再采用叠色的方式塑造人物皮肤的质感，最后用白色高光笔刻画出蕾丝花纹。

扫码观看视频

01 用宽头马克笔以扫笔的方式由下至上绘制一些直线，可以用直尺作为辅助工具，留下层叠的、竖条状的笔触。将画面下方铺满，将画面上方留白，尽量让背景有呼吸感。

COPIC E31

02 用自动铅笔画出人物和服饰的大体轮廓，将骨点和肌肉的转折概括出来。

03 用自动铅笔归纳出详细的线稿。绘制裙摆的褶皱线和分割线，将头发进行分组，然后详细绘制出人物的五官、手臂和脚部等。

04 用马克笔绘制人物皮肤的颜色，塑造人物的立体感，加深下颚、腋下、手掌、肘部等部位皮肤的暗部，并加深裙摆的暗部。

皮肤：

MARVY OR825

MARVY OR824

MARVY E853

裙褶：

COPIC E43

05 用马克笔加深皮肤的颜色，塑造皮肤的质感。然后刻画人物的妆容，表现腮红、唇妆和眼妆等。接着勾勒出头发的层次感。

头发：

COPIC E43

COPIC E44

COPIC E33

皮肤：

COPIC E41

COPIC E40

腮红：

COPIC E02

唇部：

COPIC R24

Tips 这里没有将头发的颜色画得很重，如果头发的颜色过重，画面不仅会失去朦胧的美感，也会显得头重脚轻。

06 用白色高光笔在眼皮、锁骨和肩膀处点一些高光，然后用修改液绘制裙子上叶脉般的纹理。

櫻花白色高光笔　修改液

07 用白色高光笔绘制出细致的网纹线条，将叶脉纹理连接起来，并画出鞋子的白色部分。用宽头马克笔加深裙摆下方的阴影，接着用软头马克笔的笔尖在背景上勾勒出墙面的装饰线。

櫻花白色高光笔

修改液

COPIC E33

08 用马克笔加深脚旁的阴影，让颜色更统一。用针管笔进行整体勾线，强调蕾丝的轮廓和细节，让人物头发的线条更丰富，让手臂的线条更紧致和优美。

COPIC针管笔0.1mm暖灰色

修改液

COPIC E33

41 风衣的表现技法

风衣是一种防风的轻薄型大衣，既时尚，又有型，深受现代时尚男女的喜爱。风衣的款式特点是前襟双排扣，配同色料的腰带、肩襻和袖襻，采用装饰线缝。这种大衣作为女装先流行起来，后来款式有了男女之别和长短之分，并发展为束腰式、直统式和连帽式等形制，领、袖、口袋和衣身的各种切割线条也纷繁不一，风格各异。

案例：棕色时尚风衣

本例绘制的是一套棕色的时尚风衣。在绘制时，要描绘出风衣的款式细节，表达出风衣和紧身牛仔裤的质感，并刻画出配饰的细节与质感，例如丝巾、墨镜、鞋子、包和花束等。

01 用自动铅笔绘制出人物的动势和服饰的大体轮廓，要多以长直线进行概括。注意人物的头部向前倾，面部压低，腿部有走动之感。

02 根据草稿归纳出详细的线稿，要保持线条的流畅感。详细绘制出画面细节，例如衣服的纽扣和分割线、裤子的侧缝、风衣的褶皱及头发等。

03 光线从右后方射过来，左侧是暗面，要绘制出人物、衣物和配饰的暗面。绘制出画面中的重色，确定画面的基本色调。

皮肤：
COPIC E21

丝巾：
COPIC BV04
COPIC B45

鞋子：
COPIC R59
包：
COPIC R39

风衣：
COPIC E31

墨镜：
COPIC V15
COPIC E04

头发：
COPIC E44
COPIC E33

COPIC B39
COPIC N5

裤子：
COPIC E43
COPIC C6   COPIC BV23

04 用马克笔以扫笔的方式画出皮肤、风衣、裤子、花卉的底色，头发、面部、手部、花的细节较多，需用软头马克笔的笔尖进行铺色。风衣和裤子的面积较大，需用马克笔的方头进行铺色。在绘制风衣时，注意用倾斜的笔触进行表达，让风衣更富有动感；在绘制裤子时，可随着裤腿的动势进行铺色，这样会显得裤身更纤细、紧致。

皮肤：
COPIC E00

头发：
COPIC E33

花束：
COPIC R20

风衣：
COPIC E51

裤子：
COPIC BV04

05 塑造人物的立体感，用宽头马克笔加深风衣暗面的颜色。用软头马克笔的笔尖勾勒风衣和裤子的阴影，注意保持线条的流畅感。用笔尖勾勒风衣的褶皱和束腰的卡扣，并将头发的亮面概括出来，再绘制眉眼和唇部的妆容。

风衣褶皱和卡扣：
COPIC E43
COPIC E31
COPIC YG91

头发和眉毛：
COPIC E31

裤子：
COPIC B45

唇部：
COPIC R32
COPIC R20

06 深入刻画服饰和人物的细节。用马克笔绘制面部
的皮肤，加深眼镜框在面部的投影。用软头水彩
笔绘制头发，丰富头发的层次感，接着用马克笔塑造头部的
立体感。用方头马克笔绘制丝巾，并保留丝巾亮面的高光，
让丝巾的质感更丰富，接着用软头马克笔的笔尖勾勒丝巾的
图案和边缘的轮廓。用软头马克笔的笔尖绘制包，并对手部
进行刻画。仔细绘制花朵的立体感，加深花朵之间的颜色。
用马克笔绘制包装纸，用软头水彩笔勾勒出牛皮纸的轮廓。
用马克笔的笔尖绘制风衣的双排扣，并用针管笔勾勒出风衣
的绗缝线和卡扣的边缘线。用马克笔绘制裤子，以扫笔的方
式绘制，突出牛仔面料的粗糙质感。用马克笔绘制鞋子的颜
色，留出鞋面的高光，再绘制鞋底和投影。

皮肤：

COPIC E00

COPIC E13

头发：

软头水彩笔
深灰色

COPIC E21

丝巾：

COPIC B45

COPIC V12

COPIC B39

COPIC YG11

COPIC Y26

COPIC C2

软头水彩笔
宝蓝色

包包：

COPIC E04

COPIC E07

手部：

COPIC E21

花束：

COPIC R20

COPIC RV34

COPIC RV21

COPIC BV31

COPIC E40

COPIC C2

包装纸：

COPIC E35

COPIC RV21

COPIC E21

软头水彩笔深棕色

风衣：

COPIC E44

COPIC E57

COPIC针管笔0.1mm暖灰色

牛仔裤：

COPIC B45

软头水彩笔
宝蓝色

鞋子：

COPIC E04

COPIC E29

07 用马克笔加深风衣的颜色。用白色高光笔在裤
子上绘制出浅浅的、参差不齐的白色竖纹肌理，
接着勾勒发丝的高光、风衣边缘的高光、纽扣和卡扣的
高光、裤腿拼合线的高光和裤脚边缘的高光等。用软头
水彩笔进行勾线。

樱花白色高光笔

COPIC E31

软头水彩笔
深灰色

软头水彩笔
土黄色

第 **6** 章
不同纹样服装的
表现技法

42 碎花纹样的表现技法

　　碎花是指细小而密集的花卉图案。碎花图案通常色彩缤纷，图案重复而有规律，给人一种清新、浪漫的感觉。我们可以用马克笔以点画的方式绘制碎花。

绘画要点

　　在绘制碎花图案时，可以将碎花进行简化处理，用点画的方式概括碎花图案，然后进行层层叠加。

案例：碎花长裙

本例绘制的是一条碎花长裙。在绘制时，要注意表现出裙子的飘逸感。在勾线阶段要将人身和裙子的线条画得流畅一些。

01 用自动铅笔绘制出清晰的线稿。裙身呈现出被风吹起的飘扬效果，注意近实远虚的关系。左侧的线条实一些，右侧的线条虚一些。

02 用马克笔绘制皮肤的颜色，然后用水彩绘制出裙身的粉色花瓣，笔触要轻松、自然。接着围绕花瓣勾勒叶子和叶脉。

皮肤：

COPIC E00

COPIC E31

COPIC E43

花瓣：

363猩红

叶子和叶脉：

COPIC G21

COPIC YG67

03 用软头水彩笔勾勒花蕊，然后用马克笔绘制白色衬衫的褶皱、裙身的褶皱和皮肤的暗部。

软头水彩笔　COPIC BV31
棕红色

04 绘制裙底阴影的颜色，然后用软头笔尖绘制裙身的暗部和褶皱处。

COPIC E07

COPIC E09

05 绘制包的底色。大面积绘制裙身亮面的颜色，接着用橘红色与大红色进行混合涂色，然后加深褶皱与暗部的颜色。

COPIC R24　COPIC R27

COPIC R08　COPIC E07

06 用白色高光笔勾勒碎花图案和包的金属扣。用针管笔勾勒人物和裙身的线条，在勾线时要注意中间的线条实一些，两边的线条虚一些，并保持线条自然、流畅。

樱花白色高光笔　COPIC针管笔0.1mm棕色

43 渐变效果的表现技法

渐变是指某种状态和性质按照递增或递减的方式变化，颜色的渐变可以由浅到深，由明到暗，以表达出丰富的色彩层次。渐变色常用于礼服的设计中，多层叠加渐变色的花边极具韵律感。渐变色适合诠释柔美、浪漫的时装风格。

绘画要点

在绘制渐变色的过程中，要多次晕染，以使渐变色柔和、自然，既要体现出渐变颜色的变化，也要对面料的质感进行塑造。

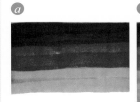

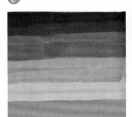

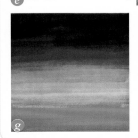

案例：渐变纱裙

本例绘制的是一条渐变纱裙。在绘制时，要让颜色过渡自然，并且要表现出裙子的飘逸感。

01 用自动铅笔绘制出清晰的线稿。不仅要把握好人物的比例，还要注意线条的表达，裙尾的线条要飘逸，裙身的要柔和、自然。

02 用马克笔绘制皮肤和头发的颜色，皮肤的受光面留白，然后绘制五官，塑造人物的立体感。在阴影中加一些冷灰色，可以让人物的皮肤更加自然，颜色会显得更加高级。

皮肤：	头发：	腮红：
COPIC E00	COPIC E43	COPIC RV21
COPIC E41	COPIC W5	COPIC BV31
COPIC E11	COPIC W7	
COPIC E31		

03 用软头马克笔的笔尖绘制裙身的褶皱，笔触可以细一些。

COPIC BV23

04 由上而下绘制渐变色，颜色由深至浅。将笔竖着进行铺色，使中间颜色的饱和度最高。

COPIC B39

COPIC B45

COPIC B29

COPIC B23

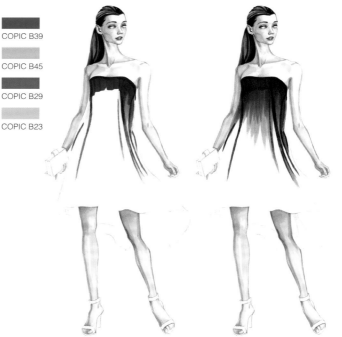

05 用浅蓝色和浅灰色晕染裙身下端的褶皱和暗部。

COPIC C2

COPIC B41

06 继续晕染裙身的褶皱，并画出裙身的渐变色，以让中间色的过渡更自然。

COPIC B37

COPIC B21

COPIC B29

COPIC BG10

07 加深裙子上半部分的颜色，绘制裙底、包和手臂的暗部。

裙身：

COPIC BV31

COPIC B32

裙底：

COPIC BV23

COPIC C2

包：

COPIC C4

COPIC C2

08 绘制鞋子的颜色。用淡灰色和淡蓝色根据褶皱的弧度的变化晕染裙子的渐变色，让颜色柔和、自然。用针管笔进行整体勾线，用白色高光笔勾勒裙底边缘，突出薄纱雪纺的面料质感。

鞋子：

COPIC C4

COPIC C2

裙身：

COPIC BV31

COPIC B41

COPIC针管笔0.1mm冷灰色

樱花白色高光笔

Tips 在绘制裙子时，不仅要表达出渐变的效果，还要体现面料的质感。

44 亮色印花纹样的表现技法

印花工艺是用染料或颜料在纺织物上施印花纹的一种工艺。印花织物是富有艺术性和文化内涵的产品，印花图案大至日月星辰、山川湖海，小到梅兰竹菊、花鸟鱼虫，独特的印花图案可以对服装起到点缀作用。

绘画要点

在绘制印花图案时，要注意对面料质感的表达。马克笔的特点是浅色无法覆盖深色，当绘制的花纹比面料的底色更亮时，要结合具有覆盖性的工具进行绘制，例如高光笔、油漆笔等。

案例：印花长裙

本例绘制的是一条印花长裙。由于是亮色的印花，因此在描绘印花纹样时，要结合白色高光笔进行绘制。

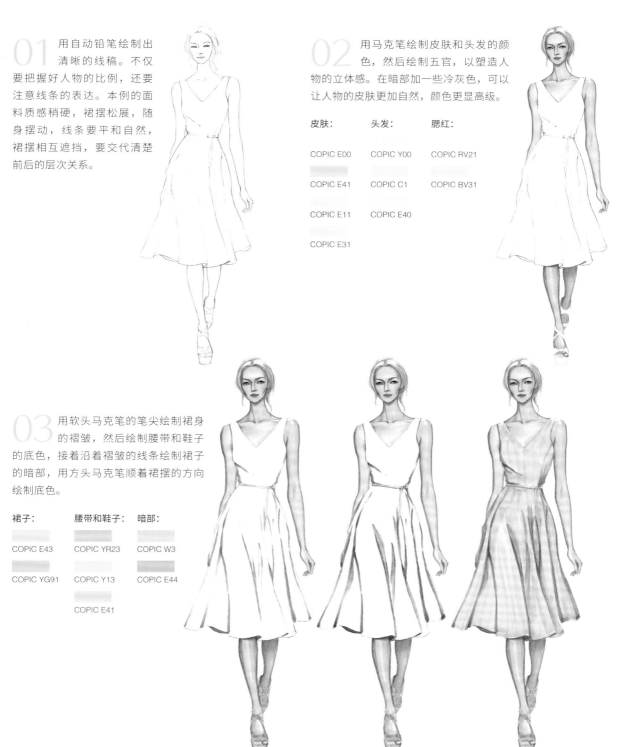

01 用自动铅笔绘制出清晰的线稿。不仅要把握好人物的比例，还要注意线条的表达。本例的面料质感稍硬，裙摆松展，随身摆动，线条要平和自然，裙摆相互遮挡，要交代清楚前后的层次关系。

02 用马克笔绘制皮肤和头发的颜色，然后绘制五官，以塑造人物的立体感。在暗部加一些冷灰色，可以让人物的皮肤更加自然，颜色更显高级。

皮肤：	头发：	腮红：
COPIC E00	COPIC Y00	COPIC RV21
COPIC E41	COPIC C1	COPIC BV31
COPIC E11	COPIC E40	
COPIC E31		

03 用软头马克笔的笔尖绘制裙身的褶皱，然后绘制腰带和鞋子的底色，接着沿着褶皱的线条绘制裙子的暗部，用方头马克笔顺着裙摆的方向绘制底色。

裙子：	腰带和鞋子：	暗部：
COPIC E43	COPIC YR23	COPIC W3
COPIC YG91	COPIC Y13	COPIC E44
	COPIC E41	

04 叠加颜色，增加裙身的暖色，这样可以让颜色更饱满。塑造裙摆的立体感，用针管笔细致地勾勒轮廓线、裙身拼合线和装饰线等。

COPIC E41

COPIC W3

COPIC针管笔0.1mm冷灰色

05 用白色高光笔绘制细小的花纹，然后用马克笔晕染暗面的花纹，让花纹与裙身更贴合。整理细节，完成绘制。

樱花白色高光笔

COPIC W1

COPIC YG91

45 艺术印花纹样的表现技法

数码印花技术的工作原理是利用计算机技术打印的图案纹样。数码印花技术可以被应用于各种面料表层，还可以充分保障服装鲜艳亮丽的色彩效果。运用巧妙的设计和构思将神秘的星空元素印在衣裙上，可以让面料充满科幻色彩和未来感。

绘画要点

纷繁的星空在暗色的面料上尤为璀璨。在绘制的时候，先用水彩晕染底色，然后巧妙地运用留白胶和牙刷喷溅出浅色的星空效果。

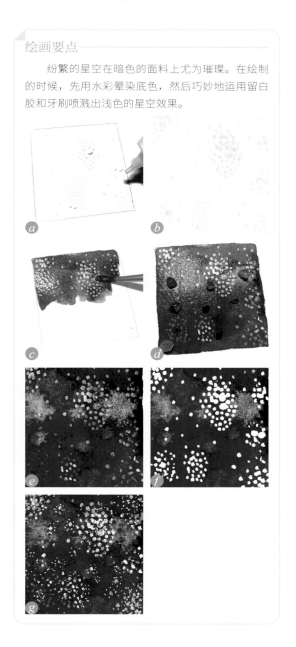

案例：艺术印花星空裙

本例绘制的是一条艺术印花星空裙。在绘制星空图案时，要用到留白胶和盐作为辅助工具，可认真学习留白胶和盐的使用方法。

01 用自动铅笔绘制出清晰的线稿，要把握好人物的比例。本例画的是收腰的蓬蓬连衣裙，上衣面料柔软、贴身，下身裙摆面料似绸缎，要表现坚挺的感觉。

02 用水彩绘制皮肤和头发的底色，然后绘制五官、妆容、发型，塑造人物的立体感。皮肤为黄棕小麦色，调制皮肤的颜色时，除了运用黄色，可以稍微混入一点橘红色，以体现人物健康、有活力的感觉。在皮肤的暗部可多混入一些冷色，让明暗关系清晰、明确。

皮肤底色：

230那不勒斯黄红调

214无铅铬橘

655土黄

腮红：

363猩红

皮肤暗部：

230那不勒斯黄红调

494细群青

661熟赭石

655土黄

头发：

780象牙黑

661熟赭石

668熟褐

03 用留白胶笔在胸前、裙摆处点一些白点，待留白胶干了之后，将纸打湿，从胸前开始晕染粉紫色的星空色。

留白胶笔

352洋红

474锰紫

220印度黄

780象牙黑

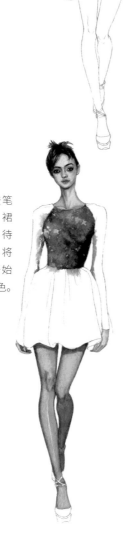

04 将上半身的衣袖绘制出来，由上而下，颜色由粉橘色渐变为紫黑色。然后加深衣袖的暗部，绘制出上半身的立体感。蘸取水彩颜料，绘制出金色的鞋子。

352洋红

474锰紫

220印度黄

780象牙黑

05 渲染出缎面的裙摆，从左至右，颜色由蓝色渐变为粉色。趁画面未干时，加深褶皱的暗部颜色，裙子亮面的颜色浅一些，要注意表现出通透、轻柔的质感。

479日光蔚蓝

494细群青

780象牙黑

352洋红

474锰紫

06 待画面的颜色干透后，将留白胶刮掉，露出像星星一样的白点。

07 在裙身叠加浅色，将白点与裙身的颜色融合。待颜色干透后，用牙刷喷溅白色颜料，然后用白色高光笔以点画的方式画出星星的细节。

白色颜料

樱花白色高光笔

46 薄纱印花纹样的表现技法

　　半透明的纱质面料是春夏常见的材质，具有轻盈、清凉的特点，如蝉翼若隐若现，可增加画面的朦胧美与神秘感。半透明的纱质面料很适合表现穿搭的层次，运用精致的透明层罩与硬朗的休闲时装搭配，可以让设计恰到好处。

绘画要点

　　水彩非常适合绘制轻薄通透的纱质面料，在绘制印花纹样时，可结合留白胶将图案留白，以方便后续均匀铺色。

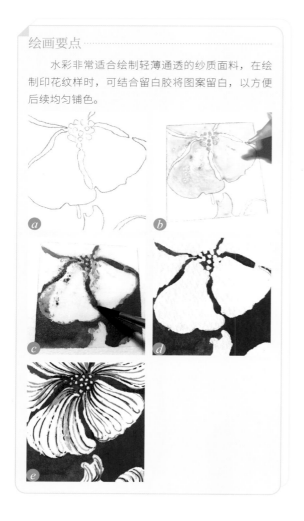

案例：薄纱印花长裤

本例绘制的是薄纱印花长裤。在绘制时，需要用留白胶画出图案，待留白胶干后，将留白胶刮掉，然后用水彩绘制图案的底色。

01 用自动铅笔绘制出清晰的线稿，要把握好人物的比例，刻画好服装的花纹细节。用留白胶盖住裤子的纹样，注意一定要等留白胶干透后再绘制颜色。

留白胶覆盖印花

02 用水彩绘制皮肤、头发和墨镜的底色，并塑造墨镜的质感和立体感，进一步表现妆容。

皮肤底色：
229那不勒斯黄
218透明橘
655土黄

皮肤阴影：
229那不勒斯黄
494细群青
661熟赭石

唇部：
353永固胭脂红

头发：
780象牙黑
661熟赭石

03 用水彩绘制衬衫、卫衣、裤子、腿部的皮肤和手包的底色。绘制腿部皮肤的颜色，待颜色干后，绘制裤子的颜色。然后绘制其他部分，铺大色块即可，趁颜色未干时，叠加深一些的阴影色，描绘出衣物的暗部。

包和皮肤：
229那不勒斯黄
474锰紫
655土黄

裤子：
494细群青
780象牙黑

卫衣：
102中国白
492普鲁士蓝
474锰紫
782 中性灰

衬衫：
474锰紫
352洋红
479日光蔚蓝

04 用深紫色绘制衬衫，并绘制出格子纹理。待颜色干透后，将留白胶刮掉。

474锰紫
352洋红
494细群青

05 用白色彩色铅笔的笔尖绘制衬衫格子的纹理。然后用水彩画出包的豹纹图案。由于留白胶留下的图案略微粗糙，因此用蓝色水彩细致地勾勒薄纱的图案边缘，让印花图案更精致、美观。

水溶性白色
彩色铅笔

豹纹：

668熟褐

655土黄

裤子边缘：

494细群青

474锰紫

780象牙黑

06 蘸取明亮的黄色，以平涂的方式画出花纹的颜色。

224浅镉黄

215柠檬黄

07 用笔尖勾勒薄纱裤子的褶皱和缝线，然后晕染裤子的暗部，让之前的黄色花纹与面料的底色融合，表现出薄纱柔软通透的质感。

479日光蔚蓝

474锰紫

780象牙黑

47 针织纹样的表现技法

针织是利用织针将纱线弯曲成线圈并相互串套连接而形成织物的方法。针织物的质地松软，手感柔软，弹性丰富，穿着舒适，具有伸缩性和透气性。通过不同的编织技巧，可以让针织物形成丰富的肌理效果，例如凹凸纵横条、方格和网眼等。

绘画要点 ....

在绘制毛衣的纹理时，要注意表达出犹如浮雕的立体凹凸感，并合理运用装饰线，对针织物的纹理细节进行把握。

案例：针织套头衫

　　本例绘制的是一件针织套头衫。在绘制针织纹样时，要先用笔尖勾勒出针织纹样的轮廓，然后逐步绘制纹样的细节，描绘出凹凸的效果。

01 用自动铅笔绘制出清晰的线稿。在绘制毛衣时，要体现出柔软、厚实的感觉，线条要厚实、圆润，整体的衣身有拖沓垂坠的慵懒感。在绘制头发时，要体现出线条的层次感和疏密关系。

02 用马克笔的笔尖绘制头发的暗部，画出富有层次感的头发线条。

COPIC E37

03 绘制头发亮面的颜色，然后绘制耳环、皮肤和五官，塑造出五官的立体感。

头发：

COPIC E33

皮肤：

COPIC E00

COPIC E41

COPIC E31

唇部：

COPIC E04

COPIC RV34

04 用马克笔勾勒出毛衣的肌理图案，用软头笔尖勾勒毛衣的轮廓及轮廓线，然后画出袖子、袖口和领口的纹理。

COPIC BG10

COPIC B01

05 用马克笔的方头以平涂的方式大面积地绘制毛衣和裤子的底色。

毛衣：

COPIC G00

COPIC B00

裤子：

COPIC G21

06 用白色高光笔绘制毛衣的亮面。用深色勾勒毛衣和裤子的阴影。

樱花白色高光笔

裤子阴影：

COPIC YG67

毛衣阴影：

COPIC BV31

COPIC N1

07 加深毛衣的颜色，塑造毛衣的立体感。用针管笔勾勒毛衣的肌理线。

毛衣：

COPIC BG11

COPIC B21

COPIC针管笔0.1mm冷灰色

08 用软头水彩笔勾勒裤子面料的肌理，然后用软头水彩笔整体勾勒毛衣和裤子的外轮廓，让画面更加分明、统一。整理细节，完成绘制。

软头水彩笔暖绿色

软头水彩笔蓝灰色

48 彩色条纹的表现技法

条纹元素简洁而鲜明,是时尚又经典的元素。条纹能散发出休闲的气息,作为装饰元素,可赋予时装动感的效果。条纹的表现方式有很多种,例如横向的条纹、竖向的条纹、斜向的条纹、不规则的条纹等。条纹的宽窄和颜色变换都会让条纹的效果更丰富。

绘画要点

在绘制条纹元素时,可以用平涂的方式进行绘制,同时要注意条纹的边缘要平整,可结合使用勾线笔勾勒边缘轮廓线。

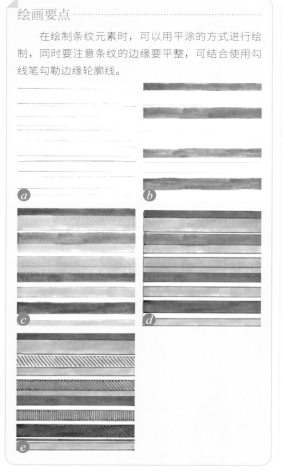

案例：彩色条纹衫

本例绘制的一件彩色条纹衫。在绘制条纹时，一定要按照条纹的形状进行平涂，并注意条纹的透视变化。

01 用自动铅笔绘制出清晰的线稿。绘制宽松的条纹外套的线稿，将缝合线、外轮廓线、贴兜和挽袖的结构交代清楚。然后用浅浅的线条交代出条纹的转折与透视关系，让宽松的外套更有立体感。

02 用马克笔以平涂的方式绘制帽子、头发、皮肤和裤子的颜色，然后刻画五官，塑造出五官的立体感。

皮肤：

COPIC E00

COPIC E31

头发：

COPIC E43

COPIC W5

COPIC W7

帽子：

COPIC G12

COPIC YG67

COPIC G85

裤子：

COPIC B34

COPIC C6

03 用马克笔以平涂的方式绘制上衣的条纹色块。用深红色晕染出条纹色块的暗部。

COPIC R24

COPIC E07

04 用马克笔以平涂的方式绘制衣服上其他的彩色条纹色块。

COPIC Y21

COPIC YR14

COPIC E39

COPIC E29

COPIC W7

05 用马克笔以平涂的方式绘制剩余的彩色条纹色块，并用软头马克笔的笔尖勾勒画面中较细的彩色条纹。

COPIC B45

COPIC B37

COPIC BG49

COPIC BG18

07 用白色高光笔勾勒较细的白色条纹。用软头水彩笔绘制黑色和红色的条纹。用软头水彩笔与针管笔勾勒轮廓线，注意线条要自然、流畅。整体晕染画面中时装和人物的明暗关系。整理细节，完成绘制。

软头水彩笔深灰色

软头水彩笔棕红色

樱花白色高光笔

06 整体晕染，让彩色条纹色块的颜色更匀称，让色块有渐变的效果。整体塑造衣服的立体感，加重条纹的暗部。

COPIC Y21

COPIC YR14

COPIC E37

COPIC E07

49 彩色格纹的表现技法

　　格子元素是一种古老而经典的元素，具有简练、有序的美感。将其运用到服装设计中，可以给人一种复古的活泼感。颜色深沉的格纹会使人物显得稳重而大方，颜色清爽的格纹会使人物显得活泼开朗。

绘画要点

　　在绘制格子图案时，要用马克笔以平涂的方式进行绘制，以体现格子多重颜色叠加和交错的视觉效果。要善于结合使用勾线笔，以归纳纹理形态，刻画纹理细节。绘制格子图案时，一定要根据格子的形状和轮廓进行平涂，一层一层地进行绘制。

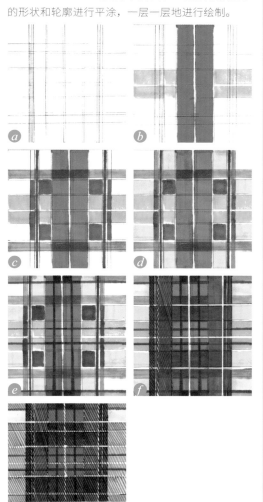

案例：格纹棉麻衬衫

本例绘制了一件格纹棉麻衬衫。在绘制格纹时，一定要按照格子的形状进行平涂，描绘出多种格纹穿插的关系。

01 用自动铅笔绘制出清晰的线稿。在绘制宽松的格纹衬衫时，要将缝合线和外轮廓线的结构交代清楚。用浅浅的线条交代出格纹的转折与透视关系，让衬衫更有立体感。

02 用方头马克笔以平涂的方式绘制皮肤、短裙和裤子的颜色。用软头马克笔的笔尖绘制头发和打底衫的颜色，然后塑造五官的立体感，并刻画出墨镜的质感。

墨镜：	头发：	皮肤：
COPIC W7	COPIC E43	COPIC E00
裤子：	COPIC E44	COPIC E31
COPIC W5	COPIC W7	COPIC E51
打底衫：		
COPIC BV31		

03 用针管笔勾勒出衣服的轮廓线，这样可避免上色时将衬衫的轮廓线覆盖掉。

04 用方头马克笔以平涂的方式绘制绿色格纹。用软头马克笔的笔尖围绕绿色格纹勾出蓝色的边缘线。

COPIC YG67

COPIC B24

05 在格纹交叉的位置，用平涂的方式绘制深蓝色的
方块，然后绘制竖条的绿色块。

COPIC B39   COPIC G99

06 用水彩笔勾勒
格子的蓝色装
饰条纹，注意线条要自
然、生动。

07 整体晕染衬衫暗部的颜色，塑造出头发
的层次感，加深人物整体的立体感。用
针管笔勾勒衬衫的纹理，塑造出粗糙的棉麻质感，
用白色高光笔绘制高光。最后用针管笔进行整体
勾线，完成绘制。

COPIC针管笔0.1mm冷灰色

樱花白色高光笔

50 闪钻蕾丝纹样的表现技法

　　柔滑轻薄的面料搭配镂空和闪钻蕾丝的元素后，会给人一种仙气飘飘的感觉。这种多种面料拼接的表现形式常运用于连衣裙和礼服的设计中。

绘画要点

　　薄纱轻薄，丝绸柔亮，在绘制时要巧妙地运用马克笔进行层叠晕染。在绘制拼接的大面积闪钻蕾丝时，可以先用马克笔塑造出薄纱透明的质感，再搭配闪钻花卉小贴纸来塑造闪钻蕾丝的质感。闪钻小贴纸可以通过规律和随机的贴法，塑造出丰富的花纹效果，我们在创作时可以多加尝试。

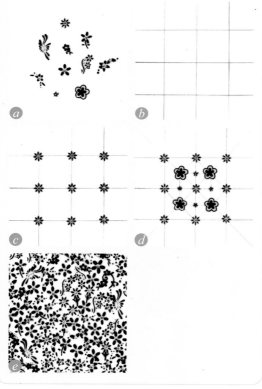

案例：闪钻蕾丝拼接礼服

本例绘制的是一套闪钻蕾丝拼接礼服。在绘制蕾丝纹样时，可以准备一些花卉小贴纸，将其制作成对称的花纹效果，也可以将其制作成不对称的密集花纹效果。

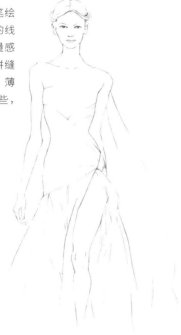

01 用自动铅笔绘制出清晰的线稿。用清晰而有力量感的线条表达面料的拼缝线和人体的轮廓线，薄纱的线条可以淡一些，轻轻带过即可。

02 用马克笔绘制皮肤、头发和裙身阴影的颜色，然后塑造五官和人物的立体感。

皮肤：	裙身阴影：
COPIC E00	COPIC E40
COPIC E41	头发：
COPIC E11	COPIC E43
COPIC E31	COPIC W3

03 用马克笔的笔尖为裙子铺底色。注意，在铺色的过程中要对密集的裙褶加以塑造。裙子的颜色与皮肤的颜色的明度较接近，所以在深入刻画时可以拉大这两种颜色之间的区分。

COPIC E41

04 加深裙子的颜色和裙身的褶皱层次。不仅要加重褶皱的颜色，还要塑造裙身的立体感。

COPIC YG91

COPIC E43

COPIC C2

COPIC E31

Tips 在绘制褶皱时混入冷灰色，可以让颜色更丰富。

05 为裙身进行整体叠色，加入暖色，以增加裙子的饱和度。细致刻画裙身，身后的薄纱用淡淡的笔触表示即可。

裙身：

COPIC Y11

COPIC Y21

薄纱：

COPIC E41

06 绘制画面中的重色，加深五官、头发、腰侧和褶皱的暗色。用白色高光笔画一些高光，用针管笔进行整体勾勒。

褶皱：

COPIC E43

头发：

COPIC E44

COPIC W3

COPIC针管笔0.1mm暖灰色

樱花白色高光笔

07 在胸前和半透明的袖子上贴一些白色的小花，因为当前的上色效果很不错，所以将贴纸贴上去后，镂空的部分也会更有立体感。整个裙身的面料要富有光感，质感奢华，拼接的蕾丝细腻、精致和通透，背后的纱自然飘逸，这几个面料拼接呈现出了丰富的质感对比。

51 蕾丝与绸缎拼接效果的表现技法

　　蕾丝面料通常指的是有刺绣的面料，其做工精细。蕾丝元素的使用非常广泛，很多纺织品都可以用其搭配和点缀。重磅型的绸缎面料密度厚实，悬垂感较强，廓形感强，具有分量感，不会令整体礼服看起来轻飘，能很好地体现女性的成熟与优雅。

绘画要点

　　在绘制绸缎拼接硬纱刺绣蕾丝的面料时，要突出这两种面料的不同质感，使其形成对比，让礼服的质感更加突出。在绘制绸缎面料时，可运用马克笔进行多层晕染；在绘制蕾丝面料时，重点是对图案的精致刻画，可用针管笔细致地勾勒蕾丝的花纹。

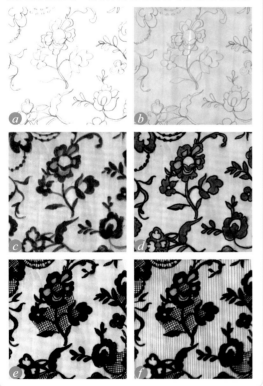

案例：蕾丝与绸缎拼接的礼服

本例绘制的是一套蕾丝与绸缎拼接的礼服。在绘制蕾丝时，可先勾勒出蕾丝的纹样，然后绘制底色，最后用针管笔仔细地刻画蕾丝花纹。

01 用自动铅笔绘制出清晰的线稿。裙子在腰间有掐褶，要注意对硬质绸缎面料垂坠感的表达，要交代清楚结构线，并体现出蕾丝荷叶边的飘逸之感。

02 用马克笔绘制皮肤和头发的颜色，然后塑造五官及妆容，表现出人物的立体感。注意要将锁骨的细节刻画出来。

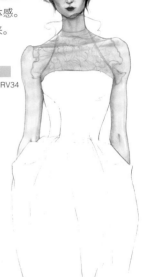

皮肤：	头发：	唇妆：
COPIC E00	COPIC YG91	COPIC RV34
COPIC E41	COPIC E13	
COPIC E40	COPIC W5	
COPIC E21	COPIC W7	
COPIC E31		

03 用马克笔以平涂的方式绘制胸前蕾丝的底色，然后用粉紫色绘制裙身和褶皱的阴影。

蕾丝：

COPIC N1

裙子：

COPIC V12

COPIC RV21

COPIC BV31

04 保留高光面，大面积绘制裙身的颜色，将紫粉色与粉色进行结合，然后晕染淡灰紫色，让裙身的颜色丰富而有光感。

COPIC BV00

COPIC RV11

05 继续加深裙子的
颜色，塑造缎面
的光感效果。

COPIC R20

COPIC BV31

06 用暖深灰色晕染蕾丝底
色的褶皱和暗部，然后
用白色高光笔绘制裙身的高光。

蕾丝：

COPIC W3

COPIC W5

樱花白色高光笔

07 用针管笔勾勒出
蕾丝花纹，然后
用软头水彩笔勾勒蕾丝的
轮廓。

樱花针管笔0.1mm黑色

软头水彩笔深灰色

08 用软头马克笔绘
制蕾丝花纹，点
出蕾丝的波点。用白色高
光笔绘制裙面的高光和反
光的线条。用针管笔进行
整体勾线，让整个画面富
有立体感。

蕾丝：

COPIC W5

樱花白色高光笔

樱花针管笔0.1mm黑色

52 多色渐变效果的表现技法

渐变色可以表达出丰富的色彩层次，颜色由明到暗、由深到浅或是从一种色彩过渡到另一种色彩，使设计充满神秘和浪漫的气息。渐变色不仅避免了单色效果或印花纹样的沉闷，还会让整体设计显得轻盈，富有表达的重点。

绘画要点

用水彩绘制渐变色时，要控制好纸面的湿度，然后对颜色进行混合晕染，让颜色自然地混合在一起。

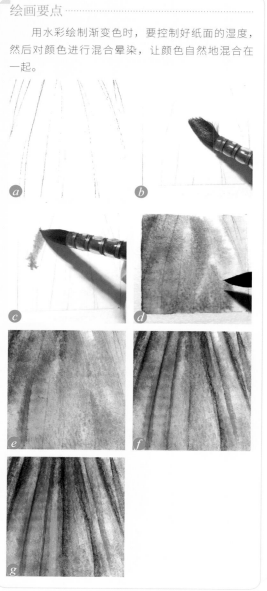

案例：多色渐变礼服

本例绘制了一套多色渐变效果的礼服。在绘制渐变色时，可选用不同的颜色进行铺色，让颜色蔓延，并自然地融合。注意，每铺好一种颜色，就要清洗一次画笔，否则多种颜色混合在一起之后，画面会显得很脏。

01 用自动铅笔绘制出清晰的线稿，裙身的褶皱要自然、流畅。

02 用水彩绘制人物的皮肤和头发的颜色，塑造五官的妆容，并表现头发的层次感。

皮肤底色：

229那不勒斯黄

214无铅铬橘

655土黄

皮肤暗部：

229那不勒斯黄

474锰紫

661熟赭石

头发：

780象牙黑

661熟赭石

03 绘制黑色的抹胸。将裙身打湿，绘制出黑色由深到浅的渐变效果。

780象牙黑

661熟赭石

474锰紫

04 趁画面湿润的时候，晕染彩色，制作渐变的效果，让颜色自然融合。用水将裙身的尾端晕染开。

352洋红

220印度黄

474锰紫

494细群青

780象牙黑

05 待纸面干透后，加深裙褶的颜色，晕染出裙摆的颜色。

352洋红	494细群青
220印度黄	474锰紫
475日光松石绿	780象牙黑
509钴松石绿	

07 晕染裙摆的颜色，让裙摆的渐变效果更细腻、协调。用软头水彩笔加深裙褶的线条，因为是雪纺面料，所以无须用针管笔勾勒裙身的外轮廓，以保留其飘逸感。用高光笔提亮裙身的反光。

软头水彩笔
深灰色

樱花白色高光笔

06 用白色高光笔勾勒裙摆褶皱的高光，然后用水彩刻画裙摆的质感。

樱花白色高光笔

53 钉珠刺绣纹样的表现技法

钉珠刺绣等精细的工艺是高级定制服装的常用元素。钉珠是指以空心珠子、珠管、人造宝石、闪光珠片和金线等为材料，绣于服饰上，这样服饰便有了闪亮、立体的效果，有奢华之感。

绘画要点

在绘制钉珠刺绣花纹时，可用水彩对纱织面料进行大面积的涂色，然后在纱织面料上用油漆笔和高光笔点缀亮片、钉珠、金线等闪亮的细节。

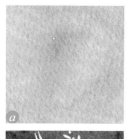

案例：亮片金丝装饰硬纱礼服

本例绘制的是一套亮片金丝装饰硬纱礼服。礼服的面料是半透明的，搭配荷叶边层层叠叠的效果，让整套服装具有浪漫的艺术效果。

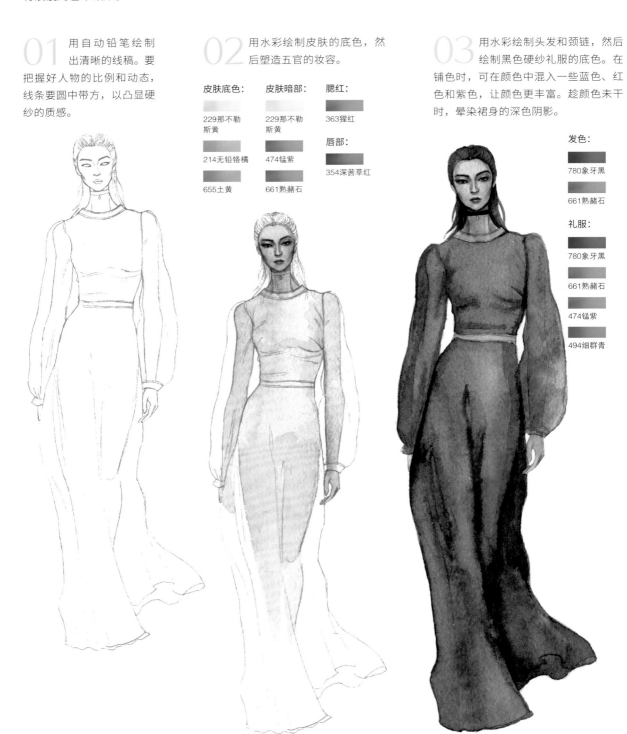

01 用自动铅笔绘制出清晰的线稿。要把握好人物的比例和动态，线条要圆中带方，以凸显硬纱的质感。

02 用水彩绘制皮肤的底色，然后塑造五官的妆容。

皮肤底色：
229那不勒斯黄
214无铅铬橘
655土黄

皮肤暗部：
229那不勒斯黄
474锰紫
661熟赭石

腮红：
363猩红

唇部：
354深茜草红

03 用水彩绘制头发和颈链，然后绘制黑色硬纱礼服的底色。在铺色时，可在颜色中混入一些蓝色、红色和紫色，让颜色更丰富。趁颜色未干时，晕染裙身的深色阴影。

发色：
780象牙黑
661熟赭石

礼服：
780象牙黑
661熟赭石
474锰紫
494细群青

04 用水彩加深裙子的颜色，并塑造裙身的立体感。

780象牙黑

533深钴绿

782 中性灰

05 用小楷勾线笔勾勒裙身的轮廓线、褶皱线、领围和腰围的蕾丝拼接花纹线，然后绘制硬朗的褶皱线，以塑造裙子硬纱的质感。

06 用金色油漆笔和银色油漆笔以点画的方式绘制裙身上的花纹，塑造出烟花的效果，然后绘制亮闪的缝制线和亮片。

金色油漆笔 **银色油漆笔**

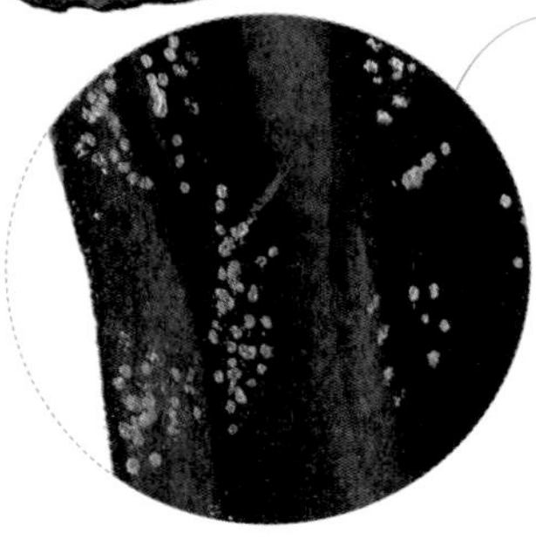

54 粘贴效果的表现技法

在时装画绘画中，遇到衣身所用的是极其繁复且重复性高的印花图案时，画起来会很费时间，因此可以考虑用贴纸辅助作画。除了用打印的图案纸，还可以用小块面料进行粘贴。和纸胶带就是不错的选择，因其本身有胶可以粘贴，可以拼接重复的纹样，并且方便裁剪，还可以用马克笔在胶带上进行叠加上色，十分方便。

绘画要点

在制作粘贴的效果时，要准备一些和纸胶带，胶带的花纹可以不一样，然后将其裁剪作为印花面料，并用马克笔的冷灰色在和纸胶带上叠加阴影色，将这几块花纹进行拼接，就能塑造出层叠遮挡的效果。

案例：印花西装

　　本例绘制的是一套印花西装。在绘制时，需要用到和纸胶带和硫酸纸等辅助工具。我们可以将和纸胶带进行裁剪，作为印花面料，这可以让整个服装更有立体感。

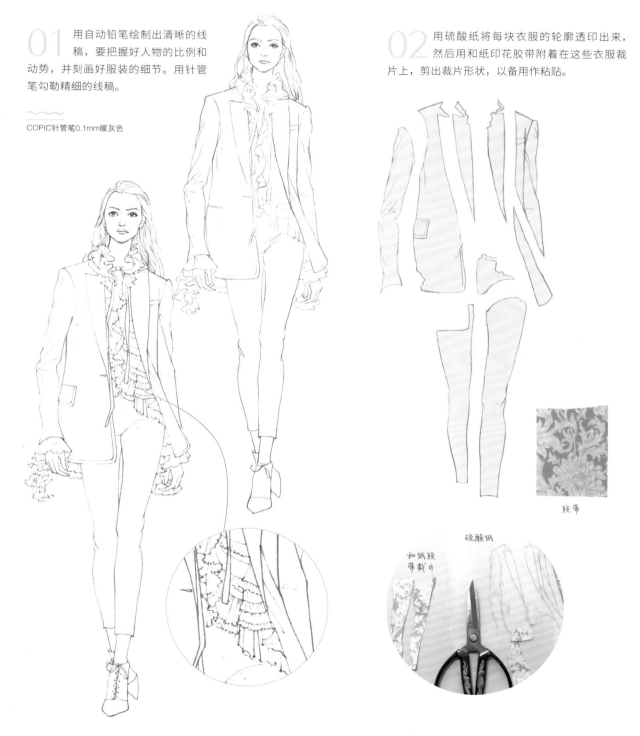

01 用自动铅笔绘制出清晰的线稿，要把握好人物的比例和动势，并刻画好服装的细节。用针管笔勾勒精细的线稿。

COPIC针管笔0.1mm暖灰色

02 用硫酸纸将每块衣服的轮廓透印出来，然后用和纸印花胶带附着在这些衣服裁片上，剪出裁片形状，以备用作粘贴。

胶带

硫酸纸

和纸胶带裁片

03 用马克笔绘制皮肤、头发、蕾丝衬衫和鞋子，然后塑造五官、手部、脚腕和颈部的立体感。要注意将头发画得自然飘逸一些。

皮肤：	鞋子：	头发：	蕾丝衬衫：	唇部：
COPIC E00	COPIC W5	COPIC YG91	COPIC E40	COPIC E04
COPIC E41	COPIC E40	COPIC E33	COPIC W3	
COPIC E40	COPIC YG67	COPIC W5		
COPIC E21	COPIC G85	COPIC N5		
COPIC BV31	COPIC N5			

04 将裁片的胶带取下，粘贴出裤子的印花效果。

和纸胶带裁片

05 粘贴上衣右侧。要分为几块进
行粘贴，这样印花才会有层次
感。将整套西装粘贴完成。

06 用马克笔在和纸胶带上晕染出
衣身的褶皱和阴影，然后用软
头水彩笔勾勒衣身的整体轮廓。

皮肤：

COPIC E43

软头水彩笔 深灰色

第 **7** 章
不同材质服装
的表现技法

55 丝绒材质的表现技法

　　丝绒又叫天鹅绒，是割绒丝织物的统称，其表面有绒毛。由于绒毛平行整齐，因此呈现了丝绒特有的光泽。丝绒手感顺滑，具有光泽感和垂坠感，是柔软亲肤的面料，自带奢华和高贵的属性。人在穿着丝绒材质的服装时，会带有一种华丽、优雅的美感。

绘画要点

　　丝绒面料有极其细腻的反光感，由于马克笔的浅色不能覆盖深色，因此先铺亮色，保留其光感，然后逐层叠加深色，并进行多次晕染，让其呈现厚度感和垂坠感。

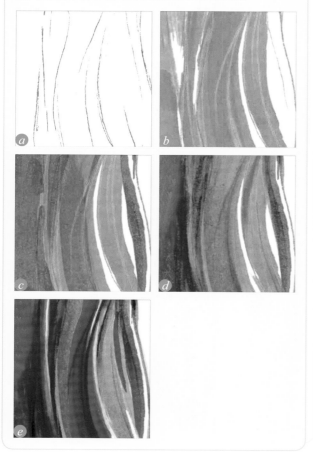

案例：金色丝绒吊带裙

本例绘制的是一条适合秋冬季节穿的金色丝绒吊带裙。在绘制金色丝绒面料时，由于颜色饱和度较高，因此可先绘制亮部的颜色，再绘制暗部的颜色。

扫码观看视频

01 用自动铅笔绘制出人物和服装的草稿。注意人物的比例，可根据9头身的比例进行绘制，腰线在3头身左右，膝部在6头身左右。

02 根据草稿归纳出详细的线稿。裙摆的边缘像流畅、蜿蜒的溪水，活泼而有力量感。在绘制时，要表达出丝绒面料的厚度感和转折感。

03 用针管笔勾勒出详细的线稿，要保持线条的流畅感。勾勒好线稿后，用橡皮擦去铅笔线稿。

COPIC针管笔
0.1mm暖灰色

04 用马克笔以平涂的方式绘制高领打底衫、袜子、鞋子、皮肤和头发的底色，然后塑造人物面部的五官和妆容。用软头马克笔绘制出裙褶和系带的阴影。

打底衫和袜子：

MARVY OR823

皮肤：

MARVY OR822

MARVY OR824

阴影：

MARVY E853

头发：

COPIC E44

COPIC W3

腮红：

MARVY R812

唇部：

COPIC E04

COPIC R32

裙褶和系带的阴影：

COPIC W5

05 绘制丝绒的颜色。先绘制饱和度高的颜色，然后逐步叠加饱和度低的颜色，接着用方头马克笔大面积地绘制裙子的底色。在铺色时要注意保留裙身的高光面。

COPIC Y13

06 叠加饱和度稍高的黄色，并绘制裙身的暗面，将裙身的明暗关系归纳出来。

COPIC Y21   COPIC Y26

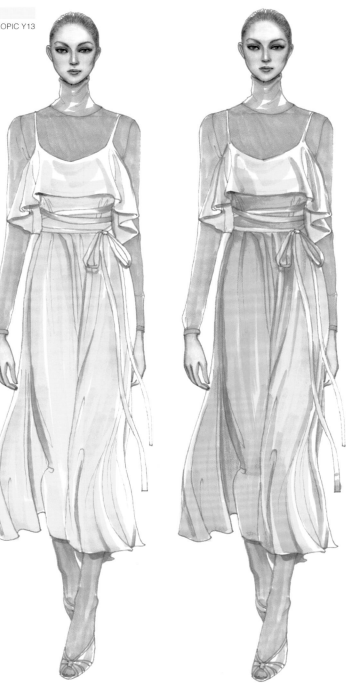

07 用软头水彩笔的笔尖叠加褶皱和绸带阴影的颜色。注意绘制时笔触要流畅，将裙摆和上身的厚重感塑造出来。

■ 软头水彩笔深灰色

08 用白色高光笔将裙身、鞋子和袜子的高光绘制出来。

■ 樱花白色高光笔

09 加深裙身左侧、胸前、裙摆和绸缎系带的暗部颜色，画出打底衫、鞋子和袜子的颜色。用软头水彩笔勾勒人物的轮廓、裙子的边缘线和裙子的褶皱线。

■ 软头水彩笔深灰色

■ COPIC W3

■ MARVY E853

56 亚光缎类材质的表现技法

缎类面料具有温和的光泽，并且与丝绒一样，都带有复古的韵味。但是丝绒面料显得厚重，适合秋冬季节穿着；缎类面料轻薄舒适，适合春夏季节穿着。缎类面料适合制作长裙。在夏日的阳光和微风中，缎面的质感像流动的湖水，波光粼粼，十分炫目，极具高级感。

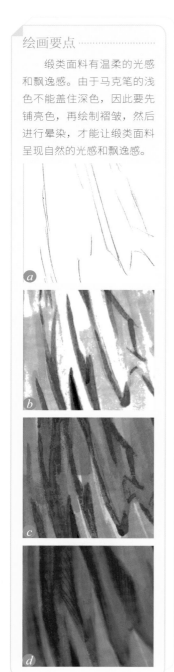

绘画要点

缎类面料有温柔的光感和飘逸感。由于马克笔的浅色不能盖住深色，因此要先铺亮色，再绘制褶皱，然后进行晕染，才能让缎类面料呈现自然的光感和飘逸感。

案例：绿色缎面长裙

本例绘制的是一条绿色缎面长裙。由于画面中的光线是逆光的，因此在上色时要注意明暗变化，还要注意对裙子反光和皮肤反光的刻画。

01 用自动铅笔绘制出人物和服饰的草稿，要多以长直线进行概括。注意描绘出人物双腿迈开和回眸的动作，头发向左侧飘动，袖子随风摆动，裙子呈 A 字形。

03 用马克笔绘制头发、上衣、包、裙子和鞋子的底色，注意线条要流畅，颜色的对比要鲜明。用软头马克笔的笔尖勾勒出裙子的暗部，接着绘制皮肤的暗部。

皮肤：	裙子：	头发：
COPIC E00	COPIC YG67	COPIC E41
COPIC E31	COPIC G21	COPIC E57
上衣：	鞋子：	COPIC Y21
COPIC C1	COPIC W5	包：
	COPIC W7	COPIC N7
		COPIC BV31
		COPIC YG41

02 根据草稿归纳出详细的线稿，将发丝、墨镜、包、裙褶和凉鞋画出来。

04 用软头马克笔的笔尖勾勒发丝，然后绘制嘴唇和墨镜的底色，并加深手臂和脚部的立体感。用马克笔大面积绘制上衣和裙子的底色，再绘制人物下方的投影，加强人物的立体感。

唇妆：
COPIC RV34

COPIC RV21

投影：
COPIC C3

COPIC BG10

头发：
COPIC E31

COPIC E43

墨镜：
COPIC G12

COPIC YG67

裙子：
COPIC G14

COPIC YG17

包：
COPIC C2

COPIC YG07

05 用马克笔的笔尖绘制头发的暗面，塑造头发的层次感。绘制面部的光影，塑造鼻子的立体感，深入刻画牙齿和嘴唇。晕染墨镜，勾勒包、手表和鞋子的底色，并刻画手臂、面部和脚部的皮肤，注意留出高光。加深裙子的褶皱，丰富褶皱的层次。绘制投影，加强投影的纵深感，并注意前实后虚的关系。

头发：
COPIC W5

COPIC E57

墨镜：
COPIC G99

COPIC G07

皮肤：
COPIC E41

COPIC E51

COPIC Y21

裙子：
COPIC G02

COPIC G07

COPIC YG67

包：
COPIC C4

COPIC G12

COPIC N5

鞋子：
COPIC N5

手表：
COPIC N5

COPIC Y13

COPIC Y21

投影：
COPIC BV23

COPIC BV31

用针管笔勾勒人物和包的轮廓。用白色高光
笔刻画发丝、墨镜、包、手表和鞋子的高光。
用软头水彩笔加深头发线条的颜色，以丰富头发的层
次。用马克笔晕染皮肤、上衣和裙身，让其亮面的质
感细腻、光滑。在暗部叠加一些冷色，让暗面的颜色
更深邃、厚重。刻画裙子的褶皱，塑造立体感。

COPIC针管笔0.1mm暖灰色

樱花白色高光笔

软头水彩笔 深灰色

冷色：

COPIC BV31

裙身：

COPIC G12

用马克笔整体加深裙子暗面的褶皱，并用软头
水彩笔勾勒褶皱线，要注意保持线条的流畅感。

COPIC G29

COPIC G99

软头水彩笔 深绿色

57 丝绸材质的表现技法

丝绸是很低调的反光面料，柔软爽滑，悬垂性好，光泽度佳。由丝绸演绎的单品像是被附了一层光，颜色更显立体，优雅而华丽，因此丝绸面料常用来制作礼服等服装。

绘画要点

在绘制丝绸面料时，要一层一层地叠色。除了运用水彩叠色的方法，还可以结合水溶性彩色铅笔和马克笔进行叠色，能绘制出细腻、低调的反光质感。

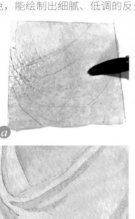

案例：丝绸吊带裙

本例绘制的是一条丝绸吊带裙。在绘制时，要表现出丝绸面料悬垂性好和光泽感强的特点。

01 用自动铅笔绘制出清晰的线稿。本例画的是不对称的吊带贴身连衣短裙，要把握好人物的比例，并表达出衣物轻薄贴身的质感。

02 用水彩绘制人物黝黑的皮肤，加深皮肤的暗部，塑造五官妆容和人物的立体感。接着用彩色铅笔绘制皮肤的高光。

皮肤底色：

230那不勒斯黄红调

214无铅铬橘

655土黄

腮红：

363猩红

水溶性白色彩色铅笔

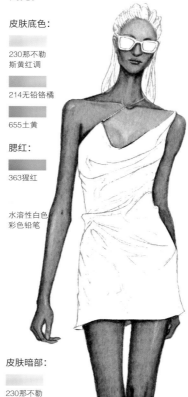

皮肤暗部：

230那不勒斯黄红调

668熟褐

661熟赭石

780象牙黑

03 用水彩绘制头发、墨镜和鞋子，并塑造它们的不同质感。

头发：

780象牙黑

661熟赭石

668熟褐

鞋子：

352洋红

230那不勒斯黄红调

214无铅铬橘

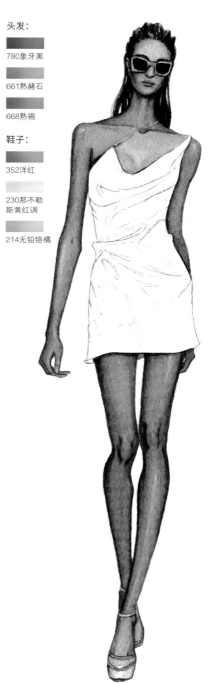

用水彩平铺裙子的底色，趁画面未干时再次叠色，绘制出裙子的褶皱。绘制丝绸暗部的颜色，并留出丝绸的高光，体现出低调的光泽感。

裙子底色：

230那不勒斯
黄红调

214无铅铬橘

352洋红

裙子褶皱：

214无铅铬橘

230那不勒斯
黄红调

352洋红

474锰紫

深入塑造褶皱的阴影，加深暗部与亮部交界位置的颜色，使颜色的过渡更自然、丰富。

亮部：

352洋红

230那不勒斯黄红调

214无铅铬橘

暗部：

352洋红

670茜草棕

待画面干透后，用水彩笔结合马克笔，以叠色的方式绘制裙身，让面料具有光滑、细腻的感觉。用白色高光笔提亮裙摆和褶皱的高光。整理细节，完成绘制。

COPIC RV21

樱花白色高光笔

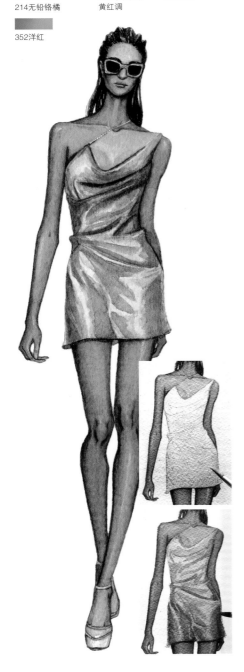

58 蓬纱蕾丝材质的表现技法

蓬纱裙是由纱作为面料，层层铺叠成A字廓形的纱裙。层叠的纱裙洋溢着浪漫与梦幻的气息，同时加上蕾丝花边的装饰，更具美感。

绘画要点

在绘制纱裙时，要把握好裙身边缘薄纱的层叠感和半透明感。用宽头马克笔顺着纱的褶皱方向快速扫笔，拉出轻薄拉丝的纱质肌理。

案例: 黑色蕾丝花边连衣裙

　　本例绘制的是一条黑色蕾丝花边连衣裙。在绘制时，要描绘出肩部纱褶隆起的感觉和裙摆呈A字形的特征。在描绘裙子的边缘时，可结合马克笔和高光笔进行绘制，要表现出面料的层次感。

01 用自动铅笔画出人物和服饰的轮廓，注意把握人物的动势和比例，多以长直线进行概括。另外，要描绘出纱裙的特征。

02 根据草稿归纳出详细的线稿。将帽子和衣服的蕾丝装饰，以及腰包的结构等细节描绘出来。

03 用针管笔勾勒手臂、面颊和帽子，然
后勾勒裙身和鞋子，注意线条要流
畅。用橡皮擦去铅笔线稿。

〜〜〜 COPIC针管笔0.1mm暖灰色

〜〜〜 樱花针管笔0.1mm黑色

04 用马克笔绘制人物皮肤的底色，并
晕染帽檐在面部的投影，然后塑造
手臂、颈部和面部的立体感。在面颊处晕染一
些粉色，表达人物的好气色。

皮肤：	投影：	唇妆：	腮红：
COPIC E00	MARVY E853	COPIC RV34	MARVY P780
COPIC E21	COPIC BV31	COPIC RV21	

Tips 用弧形尺画出来的线条容易呆板，缺
乏节奏感，需注意线条的深浅变化。

05 用马克笔大面积地绘制裙子和帽子的底色，加深帽身和帽檐的暗部。用灰色绘制皮质腰包和鞋子的底色，并留出高光。用黑灰色大面积地以扫笔的方式将蓬纱的质感表达出来。用深色概括肩部密集的褶皱，并用灰色轻快地扫出纱质面料边缘的拉丝感。

帽子：

COPIC Y13

COPIC Y11

COPIC BV31

腰包和鞋子：

COPIC BV23

COPIC C9

COPIC N3

边缘薄纱：

COPIC C3

胸前薄纱：

COPIC W3

06 深入刻画。用马克笔加深帽子的颜色，并用冷色加深帽子的暗部，然后加深腰包的颜色。将胸前的拼接画出来，并用黑色的小楷笔勾勒领围的装饰线和胸前的皮质腰包边缘，将高光留白。用马克笔绘制裙身薄纱的边缘，塑造出层层叠叠的笔触效果。

帽子：

COPIC Y21

COPIC BV31

胸前拼接：

COPIC W5

07 用马克笔加深腰包和鞋子的颜色，并将高光留出来。晕染腰包的颜色，让其质感更为细腻。用方头马克笔绘制薄纱的边缘，塑造出参差不齐的薄纱质感。用金色油漆笔将项链和手链画出来，并用白色高光笔点缀一些高光，接着用白色高光笔点缀腰包的铆钉细节。

腰包和鞋子：

COPIC W5

薄纱边缘：

COPIC W3

金色油漆笔

樱花白色高光笔

08 用白色高光笔勾画出裙身蕾丝花边的轮廓，注意要围绕着裙摆的弧度进行绘制，以体现裙摆的蓬松感。

樱花白色高光笔

09 用白色高光笔在蕾丝花边上绘制细小的线条，然后绘制出裙身和鞋子的高光。

〰〰〰
樱花白色高光笔

10 用针管笔勾勒细节，将胸前的网格线细致地勾勒出来，然后将腰包的铆钉细节勾勒出来，接着将帽子上的黑色蕾丝花纹勾勒出来，并强调鞋子和腰包的轮廓结构。用白色高光笔将帽檐和帽身的高光线条勾勒出来。用软头水彩笔将裙身的纱褶和帽檐的轮廓勾勒出来。

〰〰〰
COPIC针管笔0.1mm棕色　　樱花白色高光笔　　软头水彩笔深灰色

Tips 在绘制线条时，需将虚实关系交代出来。例如帽檐受光部分的线条是虚的，要浅而细；背光部分的线条是实的，要粗而重。

59 针织材质的表现技法

针织材质表面松软，有良好的抗皱性和透气性，穿在身上很舒适。在设计结构和纹理简单的针织上衣时，可通过加入撞色交织的条纹装饰来增添针织服装的层次感。

绘画要点

圆领针织套头衫的设计比较简约，在绘制时要将其厚度表现出来。在绘制上衣的条纹和裙身的格纹时，可将马克笔与针管笔结合进行绘制，然后叠加线条，以表现毛衣的纹理。

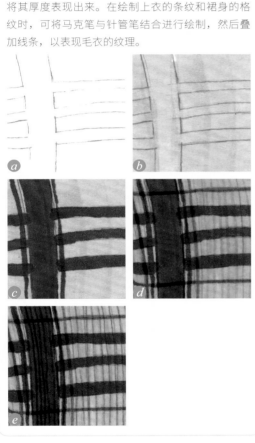

案例：条纹针织套头毛衫

本例绘制的是一件条纹针织套头毛衫。在绘制时，要表现出针织材质厚重的感觉，还需仔细刻画上衣和裙子的纹理。

01 用自动铅笔画出人物和服饰的草稿，注意人物的面部比例和身体比例要准确，多以长直线进行概括。画面中人物左手提包，上身微微含胸。

02 根据草稿归纳出详细的线稿。绘制出画面的细节，例如毛衫的条纹、裙子的格纹、人物的发丝、头饰、包的线条和长靴的结构线等。在绘制条纹时，线条要随着衣物的起伏进行变化，表现出人物的立体感。

03 用马克笔绘制人物皮肤的底色，并塑造人物面部、手部和膝盖的立体感。

COPIC E00

COPIC E51

COPIC E31

04 用软头马克笔的笔尖层层
叠加线条，勾画出头发、
眉毛和眼睛，然后绘制唇部和脸颊。
用马克笔的方头绘制套头毛衫、裙身、
鞋子、包、头饰和白色高领衫，并表
现出暗部。在绘制鞋子时，注意留出
鞋子分割线的高光。

头发、眉毛
和眼睛：

COPIC E43

COPIC W5

COPIC W3

衣领：

COPIC E41

头饰：

COPIC W7

唇部：

COPIC R32

腮红：

MARVY P780

毛衣：

COPIC E31

COPIC E43

包：

MARVY E858

COPIC BV23

05 用马克笔绘制毛衫的条纹
和裙子的交错格纹。在绘
制时，线条要随着衣物的起伏而变化，
并注意透视关系。绘制包的亮面，接
着用宝蓝色绘制鞋面，在涂色时要将
高光留出来。

毛衣条纹：

COPIC E09

鞋子：

COPIC B39

裙摆条纹：

COPIC BV23

COPIC E04

COPIC BV31

包的亮面：

COPIC E04

06 丰富画面的细节。用针管
笔勾勒毛衫的撞色条纹，
然后勾勒毛衣的竖条肌理。用白色高
光笔绘制裙子的白色条纹，注意线条
要随着裙摆的起伏而变化。

樱花针管笔
0.1mm钴蓝色

樱花白色高
光笔

COPIC针管笔
0.1mm暖灰色

07 继续刻画服饰的细节。用白色高光笔绘制包和鞋面的铆钉装饰，细致地勾勒出鞋子分割线的高光和高领衫的竖条纹理线。用针管笔勾勒裙子交叉的条纹。

~~~~ 樱花白色高光笔

~~~~ COPIC针管笔
0.1mm暖灰色

08 加深套头毛衣、短裙的褶皱、高领和包侧面的暗部，将装饰条纹与毛衣相融合，增加衣物的立体感。

衣领：

COPIC E41

裙褶：

COPIC C3

包：

COPIC W3

毛衣：

COPIC E31

09 用软头水彩笔绘制头发的线条。用针管笔勾勒画面的整体轮廓，让人物更完整，让服饰效果更突出。用马克笔晕染包的明暗关系，让铆钉在明暗关系中。用马克笔绘制脚旁的投影，整理细节，完成绘制。

~~~~ 樱花针管笔
0.1mm黑色

软头水彩笔深灰色

包：

COPIC W3

COPIC C3

投影：

COPIC BV23

60 金属材质的表现技法

金属材质的面料具有闪光的效果，像波光粼粼的水面。金属材质的面料极具未来风格，富有科幻的色彩，将其运用到时装中，具有时尚、动感的画面效果。

绘画要点

在绘制金属材质的面料时，除了运用马克笔，还可以搭配具有金属色泽的油漆笔进行晕染，以塑造出金属般的反光色泽。可将金属材质的面料归纳为几个不同层次，要特别表现面料的转折处和褶皱处的光感与层次，要拉大金属面料颜色明暗的对比，这样才能塑造金属质感。

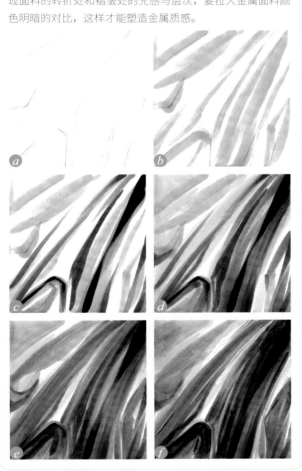

案例：金属材质大衣

本例绘制的是一件金属材质大衣。在绘制时，要用挑笔的方式塑造服装的褶皱感，然后用马克笔进行颜色的叠加，用金色油漆笔塑造金属质感的面料。

01 用自动铅笔绘制出清晰的线稿。本例画的是收腰系带大衣，要用硬朗的线条表现，因为面料的质感较硬，所以多用直线进行表达。

02 用马克笔绘制皮肤、头发和鞋子，并塑造五官和人体的立体感。在绘制暗部时加一些冷灰色，可以让人物的皮肤更加自然，颜色更加高级。用灰色针管笔勾勒头发、五官和人体的轮廓，接着用黑色针管笔勾勒鞋子的轮廓。

03 用马克笔表现出衣服的明暗关系。

COPIC C0   COPIC BG10

皮肤：

COPIC E00

COPIC E41

COPIC E11

COPIC E31

COPIC BV31

唇部：

COPIC R39

鞋子：

COPIC W5

头发：

COPIC E43

COPIC W5

COPIC W7

COPIC针管笔
0.1mm暖灰色

樱花针管笔0.1mm黑色

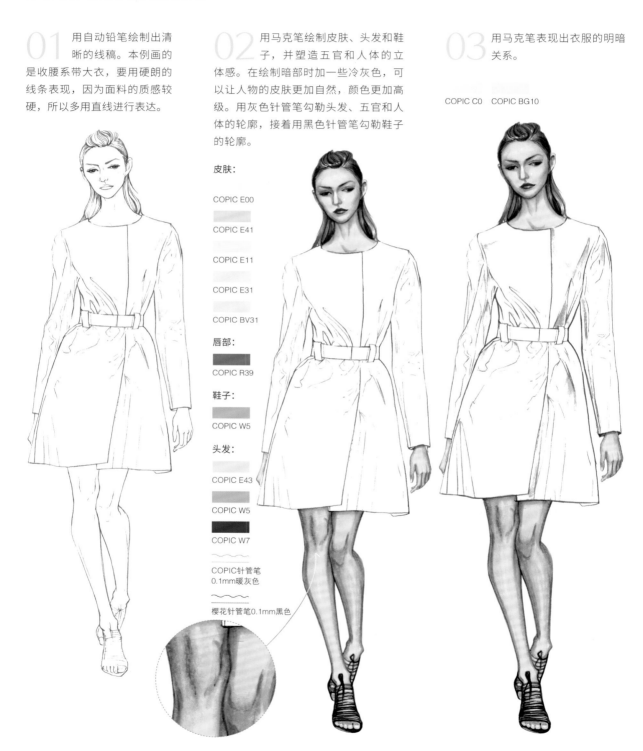

04 用深色小楷笔画出重色的线条，用银色油漆笔晕染左侧的肩袖，接着用灰色马克笔继续晕染，这样可以塑造出由深至浅的金属质感。注意，每一个褶皱细节都要仔细地刻画出来。

COPIC C6　　COPIC C2　　银色油漆笔

COPIC C4　　COPIC C0

05 晕染衣摆的颜色，注意留出高光和反光。用银色油漆笔继续晕染衣袖的褶皱。

COPIC C6　　COPIC C4　　COPIC C2

COPIC C0　　银色油漆笔

06 用银色油漆笔结合深棕色勾
线笔绘制腰带的颜色，然后
用马克笔晕染右侧衣身的衣褶和袖褶。

COPIC C6

COPIC C4

COPIC C2

COPIC C0

银色油漆笔

07 整体加深，拉开衣服颜色
的明暗对比，并塑造腰带
的立体感。用白色高光笔绘制高光和
反光。

COPIC N1

樱花白色高光笔

194

61 银色亮闪材质的表现技法

银色是一种很前卫并具有太空感和未来感的颜色。银色亮闪面料折射出来的亮闪效果洋溢着迷幻、前卫、复古的时尚气息。

绘画要点

在绘制银色的服装时，不容易把握，因此需要逐层深入刻画。将银色油漆笔与白色高光笔结合绘制，塑造出流光闪亮的质感。

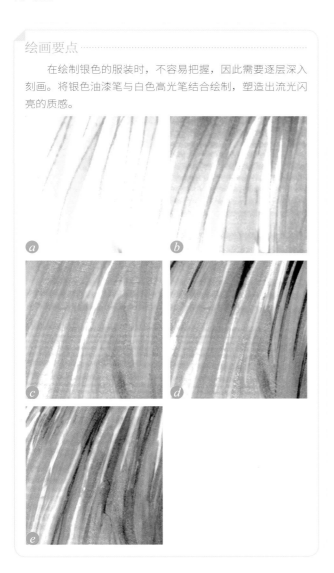

案例：银色亮闪套装

本例绘制的是一套银色亮闪套装。在绘制时，要用马克笔绘制上衣和裤子的中间色，然后用银色油漆笔以条状的笔触进行铺色，留出白色的高光，将衣物的银色底色塑造出来。

扫 码 观 看 视 频

01　用自动铅笔画出人物和服饰的草稿，注意人物面部比例和身体比例要准确，多以长直线进行概括。要描绘出套装的T形廓形、肩膀的泡泡袖和大V领等特征。

02　根据草稿归纳出详细的线稿。详细地绘制出画面细节，例如人物的发丝、耳环和衣服的褶皱等。在描绘褶皱时，要注意衣褶的走向和疏密关系。

03　用针管笔勾勒出详细的线稿，注意线条要流畅。勾勒好线稿之后，用橡皮擦去铅笔线稿。

COPIC针管笔
0.1mm暖灰色

04 用软头马克笔的笔尖绘制画面整体的明暗关系，并画出淡淡的阴影，注意笔触要流畅。

COPIC BV31

05 用马克笔绘制人物皮肤的暗部和头发的底色，然后塑造人物面部、颈部、胸部和脚面的立体感，接着绘制面部的妆容，在面颊处晕染粉色，表现人物的气色。在绘制头发时，要用笔尖以画线条的方式进行叠加，并且要根据卷发的弧度进行刻画。

头发：

COPIC W5

COPIC E44

腮红：

COPIC RV21

唇部：

COPIC RV34

皮肤：

COPIC E51

COPIC E31

06 用马克笔晕染皮肤的颜色，让皮肤的颜色更饱满。用软头马克笔的笔尖勾勒出衣物的深色阴影，要保持线条的流畅感。

COPIC E41   COPIC W5   COPIC W7

07 用马克笔绘制上衣和裤子的中间色。将衣服的基本律动感和明暗关系塑造出来，然后用软头马克笔的笔尖勾勒皮袖和皮鞋的底色，在铺色时要留出高光线条。

COPIC BV23　COPIC C3

08 用银色油漆笔绘制条状的线条，并留出高光部分，将衣物的底色塑造出来。用马克笔加深衣服的暗面和衣褶的颜色。

银色油漆笔　COPIC BV23　COPIC C6

09 用马克笔绘制皮袖和皮鞋，增加颜色的层次感。用白色高光笔刻画银色亮闪套装的高光，勾勒耳环和鞋子的高光。用针管笔勾勒人物的头发，并将头发的边缘进行弱化处理，让头发有蓬松感。用软头水彩笔勾勒衣身的轮廓和褶皱，将画面的黑白灰明暗关系凸显出来。

樱花针管笔0.1mm黑色

软头水彩笔深灰色

樱花白色高光笔

COPIC N5

COPIC W5

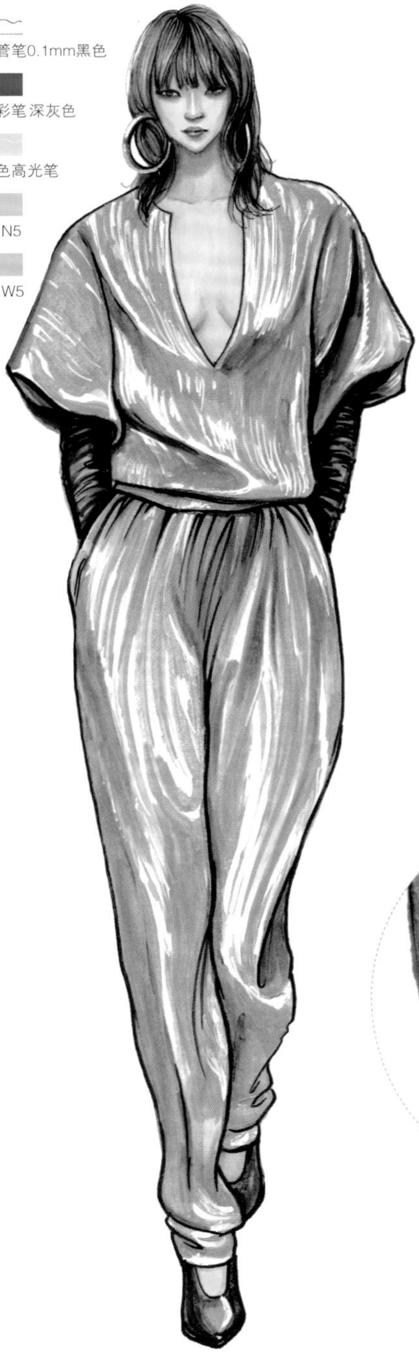

10 用马克笔和银色油漆笔刻画衣服的褶皱。用白色高光笔继续勾画高光，例如转折处的小细纹、反光细纹和褶皱上的纹理等，让衣物呈现极强的流动感和亮闪感。

软头水彩笔深灰色

樱花白色高光笔

COPIC N5

COPIC W5

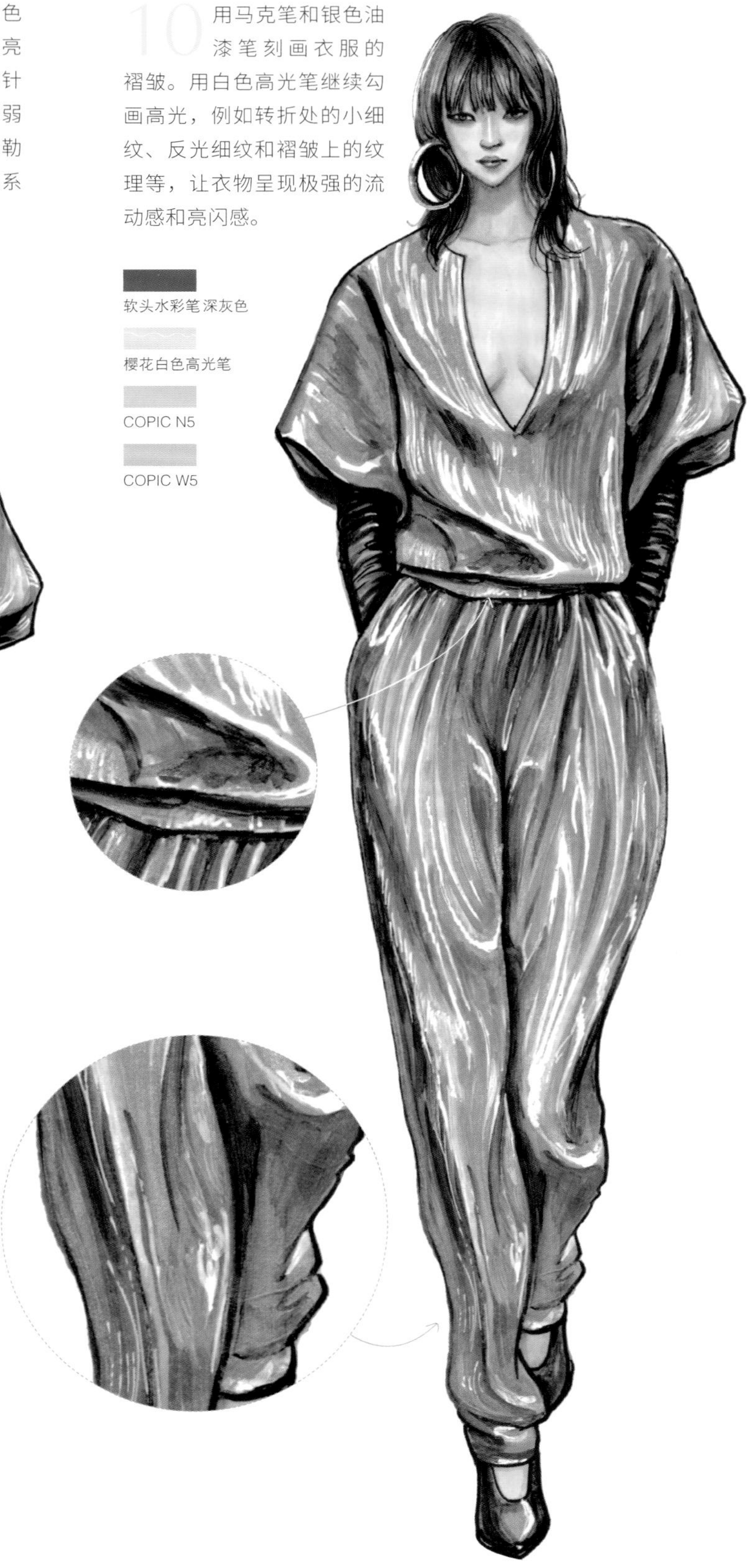

62 PVC材质的表现技法

PVC是一种塑胶材质，质地轻薄，会呈现反光的效果，其主要的成分是聚氯乙烯。在日常生活中，常用于雨衣、玩具和凉鞋的制作。随着科技的发展，以及面料的不断更新，时尚秀场出现了很多运用创新PVC面料制成的时装。PVC材质自带流光感和透明感，不仅可以制作成大衣，还可以制作成裤装和连衣裙等，可以更好地展现设计的科技感和未来感。

绘画要点

在绘制 PVC 面料时，注意运笔要流畅，画出面料的层次感。在处理褶皱和转折位置时，要表现出面料的硬度。运用白色高光笔绘制高光，表达面料的流光感。

案例：半透明PVC连衣裙

本例绘制的是一条半透明PVC连衣裙。在绘制时，要根据服装的褶皱来绘制，留下明显的笔触，然后加深暗部的颜色，塑造服装的体量感，接着巧妙地绘制服装的高光。

01 用自动铅笔绘制出清晰的线稿。本例画的是A字形的连衣裙，不仅要把握好人物的比例，还要表达好廓形的特征，多用直线进行概括。

02 平铺头发的颜色，加重发根和发尾的颜色，刻画出头发的立体感，然后画出五官的投影和全身的明暗交界线。这一步是为方便后面的上色，可以为画面增加冷色的基调。

头发：

COPIC W5

COPIC W7

面部和明暗交界线：

COPIC E13

COPIC BV31

03 用马克笔绘制皮肤的颜色，塑造五官和人物的立体感，然后晕染腿部皮肤的颜色。在绘制腿部的皮肤时，可以加一些冷灰色，让腿部前后的关系更突出。

皮肤：

COPIC E31

COPIC E41

COPIC E43

COPIC E21

COPIC BV31

眼妆：

COPIC E02

腮红：

COPIC RV21

唇部：

COPIC RV34

COPIC BV00

04　用马克笔分块绘制裙子亮面的颜色。为裙子整体铺大红色，与之前画的橘红色相连接，并稍微加深褶皱的颜色。

COPIC R24
COPIC R27

05　加深裙子褶皱的颜色，让其有硬挺的质感。加重裙底的阴影，用针管笔勾勒出衣服的边缘和鞋子的绑带。

COPIC E07　COPIC R59　樱花针管笔
0.1mm黑色

COPIC R39

06　沿着褶皱的起伏变化，用白色高光笔绘制连衣裙的高光线条。注意线条要有粗细和转折的变化，让裙子有自然的光感。整理细节，完成绘制。

樱花白色高光笔

63 绗缝羽绒材质的表现技法

绗缝是在两层织物中加入适当的填充物之后再缉明线，用以固定和装饰。用这种方式制成的衣物具有立体感和浮雕般的肌理效果，还有保温和装饰的功能。这道严谨、有序的缝制工艺让羽绒服的造型更丰富，不论是疏密有致的格子与条纹，还是抽象的艺术线条，绗缝都会让羽绒服的款式更加有格调。

绘画要点

在绘制羽绒面料时，先铺最浅的底色，然后层层叠加，加深暗部的颜色，以塑造羽绒蓬起的饱满感。接着绘制绗缝线旁的褶皱，让绗缝羽绒的质感更真实。

案例：绿色亚光羽绒长马甲

　　本例绘制的是一件绿色亚光羽绒长马甲。在绘制马甲整体的颜色时，可以用先铺浅色，再绘制中间色，然后绘制深色的方式进行。

01 用自动铅笔绘制出清晰的线稿，要交代出细节，例如人物的五官、马甲的绗缝肌理、裤子的褶裥及鞋子的系绳等。

02 用针管笔勾勒出详细的线稿，注意线条要流畅、清晰。在勾勒线条时，可再对一些细节进行完善，例如羽绒绗缝线上的褶皱和衬衫的衣褶等。勾勒好线条后，用橡皮擦去铅笔线稿。

COPIC针管笔
0.1mm暖灰色

03 用马克笔绘制面部的皮肤，留出受光面，然后深入塑造面部的五官，加深面部的阴影，使之有立体感。接着刻画眉眼和唇部等细节。

皮肤：
MARVY OR822
MARVY OR824

唇部：
COPIC E04
MARVY E852

阴影：
MARVY E853

05 用软头水彩笔在头发上画一些小圈，让头发有蓬松感。绘制手部的颜色，完成头部和手部的刻画。

软头水彩笔深灰色

皮肤：
MARVY OR822
MARVY OR824

04 用马克笔归纳出头发的暗面。在刻画卷发时，笔触不要太光滑。用皮肤色晕染面部的亮面，让高光处更细腻。

头发：
COPIC W7

皮肤：
COPIC E41

06 用马克笔大面积地绘制亚光羽绒马甲的底色，并简单地加重绗缝菱形的暗面。用马克笔的笔尖绘制深色飘带。

长马甲：

COPIC YG91

飘带：

COPIC W7

07 用马克笔将马甲暗面的颜色画出来。马甲是A字形的廓形，菱形的格纹会有明显的转折感，因此要塑造出格纹的转折感。

COPIC YG11

08 由上至下，深入刻画菱形的格纹。先刻画胸前和背后上部区域，然后加深绗缝格纹暗面的颜色，用笔尖绘制褶皱。

COPIC G85

COPIC G99

COPIC G21

09 深入刻画，把后面的绗缝格纹都画出来，注意概括出暗面的颜色，且亮面与暗面的转折要自然。将带帽卫衣的帽子和袖子的明暗关系刻画出来。

COPIC G85　　COPIC N1

COPIC G99　　COPIC C2

COPIC G21

10 继续深入刻画，把前面的绗缝格纹都画出来，注意概括出暗面的颜色，且亮面与暗面的转折要自然。通过对暗面的概括，能明显看出衣身的立体感。详细刻画细小的褶皱，例如羽绒马甲的外贴兜盖、马甲下方的穿绳条。用软头马克笔的笔尖勾勒出褶皱的碎线，用马克笔进行晕染，使之质感更自然。

COPIC G85

COPIC G99

COPIC G21

COPIC YG91

11 用马克笔勾勒袜子的条纹，塑造裤子和鞋子的明暗关系，然后刻画出裤子的褶皱。

袜子：

COPIC B39

COPIC Y15

袜子和鞋子：

COPIC W3

COPIC C2

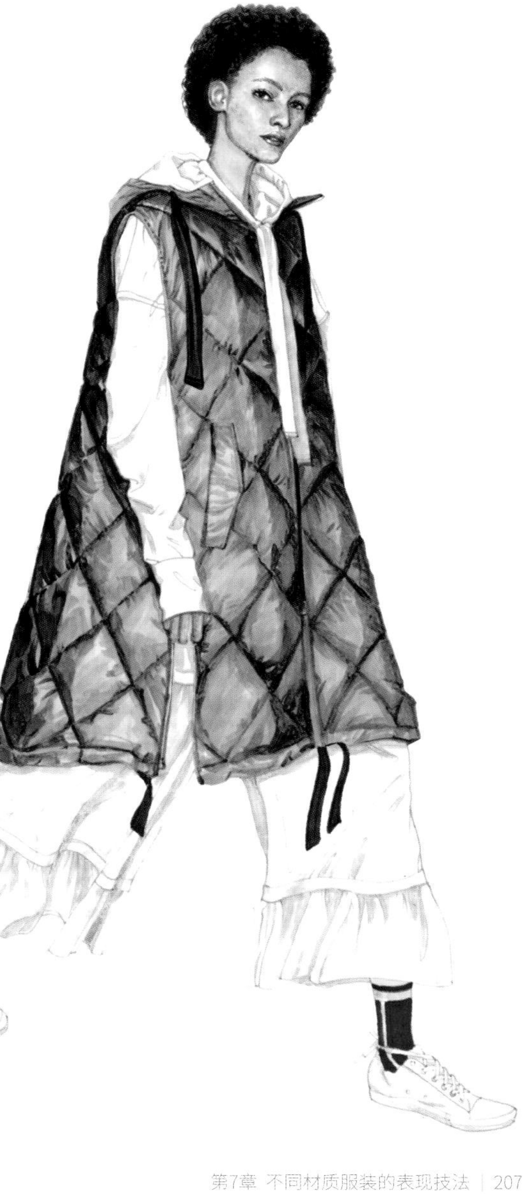

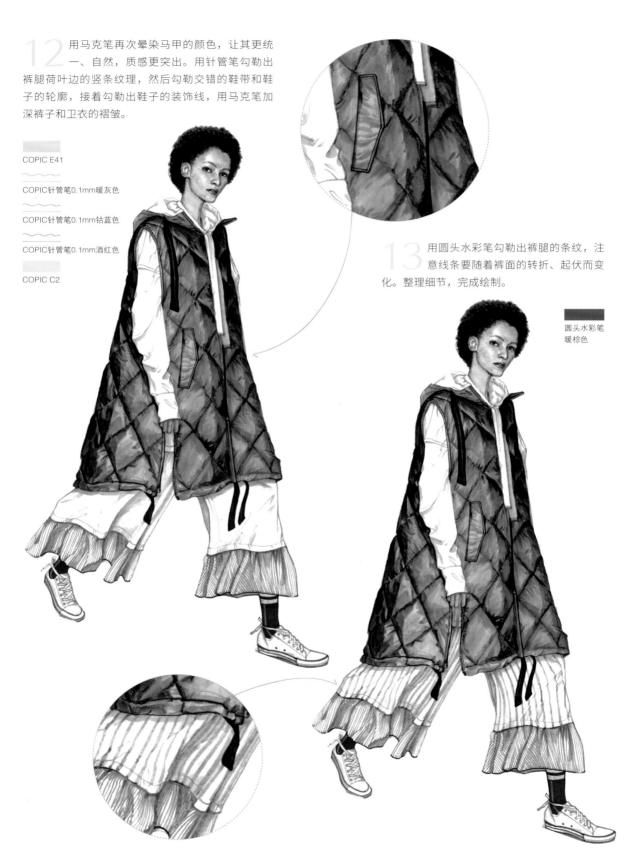

12 用马克笔再次晕染马甲的颜色，让其更统一、自然，质感更突出。用针管笔勾勒出裤腿荷叶边的竖条纹理，然后勾勒交错的鞋带和鞋子的轮廓，接着勾勒出鞋子的装饰线，用马克笔加深裤子和卫衣的褶皱。

COPIC E41

COPIC针管笔0.1mm暖灰色

COPIC针管笔0.1mm钴蓝色

COPIC针管笔0.1mm酒红色

COPIC C2

13 用圆头水彩笔勾勒出裤腿的条纹，注意线条要随着裤面的转折、起伏而变化。整理细节，完成绘制。

圆头水彩笔
暖棕色

64 毛绒材质的表现技法

近年来，非常流行用毛绒材质制作外套。与皮草一样，毛绒材质非常保暖，材质柔软、舒适，穿上它就像是披上了一条毛毯。

绘画要点 ....

在绘制毛绒材质时，要事先准备好一块海绵。用海绵蘸取调好的颜色，在纸上按压出毛绒的肌理，并塑造出立体感。用白色高光笔进行提亮，再用针管笔画出面料的肌理。

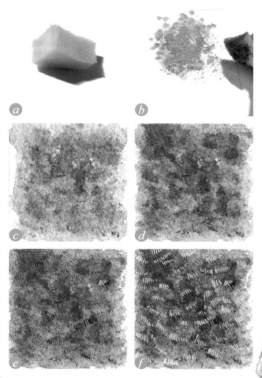

案例: 毛绒大衣

本例绘制的是一件毛绒大衣。在绘制时，要表现出毛绒材质的厚重感。用海绵在纸上按压时，可多叠加几遍颜色，塑造毛绒材质的肌理感。

01 用自动铅笔绘制出清晰的线稿。用成组的短线条绘制毛绒大衣的外轮廓线，要表达出蓬松感。

02 用小海绵蘸取调好的颜料，然后在画面上按压，绘制出大衣的底色。

655土黄　　661熟赭石

229那不勒斯黄

03 继续用海绵在画面上按压叠色，绘制出丰富的肌理质感。用水彩笔蘸取深色，加深大衣的暗部。

大衣底色：

655土黄

661熟赭石

229那不勒斯黄

大衣暗部：

780象牙黑

661熟赭石

668熟褐

655土黄

Tips 可在暗部中适当混入一些冷色，塑造大衣的立体感。

04 继续丰富大衣的层次感，加深褶皱，绘制暗部，塑造出大衣的厚度。绘制皮肤和头发的颜色，塑造皮肤的质感并加强头发的层次感。

大衣：

655土黄

661熟赭石

229那不勒斯黄

皮肤底色：

229那不勒斯黄

214无铅铬橘

655土黄

皮肤暗部：

229那不勒斯黄

474锰紫

661熟赭石

头发：

780象牙黑

661熟赭石

668熟褐

05 整体加深大衣的暗部。然后用软头马克笔的笔尖以顿点的方式绘制毛绒的肌理，塑造大衣的立体感，体现毛绒的质感。

COPIC E43　COPIC E44　COPIC W3

06 用针管笔绘制细小的层叠毛绒线，可以丰富毛绒的质感。整理细节，完成绘制。

COPIC针管笔
0.1mm暖灰色

Tips 这款大衣没有明显的高光，因此不用绘制高光。

65 翻毛皮材质的表现技法

　　翻毛皮是毛与皮的结合体，质感非常柔软，经过特殊处理的表面会产生细腻的凹凸颗粒感纹理，是保暖与时尚兼具的面料。在翻毛皮中加入几何刺绣图案，再融合休闲的收腰款式，这样的服装具有知性感和时尚感。

绘画要点

　　在绘制翻毛皮的面料时，先用水彩打底。绘制嵌条的阴影，用水溶性彩色铅笔进行颜色的叠加。用白色高光笔勾勒高光，这样可以让面料既粗糙又滑亮。

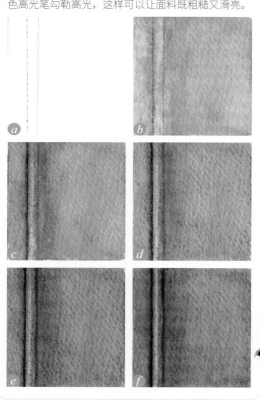

案例：翻毛皮刺绣外套

本例绘制的是一件翻毛皮刺绣外套。在绘制时，要表现出面料的凹凸质感和刺绣的图案。

01 用自动铅笔绘制出清晰的线稿。翻毛皮大衣的线条要圆润、厚实，凸显面料的厚重感。

02 用水彩绘制人物的皮肤、头发和帽子的颜色。塑造五官妆容，在面部晕染橘红色作为腮红。刻画头发的层次感和帽子的质感。

皮肤底色：

229那不勒斯黄

214无铅铬橘

655土黄

皮肤阴影：

229那不勒斯黄

474锰紫

661熟赭石

腮红：

363猩红

唇部：

353永固胭脂红

头发：

780象牙黑

661熟赭石

668熟褐

帽子：

494细群青

782 中性灰

354深茜草红

03 用水彩绘制出翻毛皮面料的底色，趁画面湿润的时候，叠加暗部颜色。

655土黄

661熟赭石

04 用水彩深入塑造翻毛皮面料的质感，在棕黄色的大衣中加入一些偏绿的颜色，并将衣尾和袖口的深色装饰绘制出来，然后加深衣褶和拼接线的颜色。

655土黄

668熟褐

661熟赭石

05 用水溶性彩色铅笔整体绘制衣身的颜色，塑造翻毛皮的质感。用白色绘制反光，体现出旧旧的质感。

水溶白色彩色铅笔　水溶橄榄绿彩色铅笔　水溶黄褐彩色铅笔　水溶深褐彩色铅笔

水溶熟褐彩色铅笔

06 用针管笔勾勒拼接线。用浅灰色绘制衣领、衣尾和袖口的翻毛的暗部。用白色高光笔绘制翻皮毛的毛绒质感。

COPIC N1

COPIC针管笔
0.1mm暖灰色

樱花白色高光笔

07 用软头水彩笔绘制出刺绣花纹。整理细节，完成绘制。

软头水彩笔暖棕色

软头水彩笔暖绿色

66 裘皮材质的表现技法

皮草是指利用动物皮毛所制成的服装。皮草是配合度非常高的材料，与皮革、梭织、针织和蕾丝等都可以进行无缝衔接。将不同种类的皮草搭配一起，可以打破单种皮草拼接的沉闷感。多种材质的混搭会让皮草更加时尚，长短毛的对比也会使服装的款式更新颖，层次更丰富。

绘画要点

在绘制裘皮材质的面料时，要表达出裘皮面料蓬松、立体感强等特点，要注意对毛皮肌理线条的刻画。塑造出立体感后，用白色高光笔进行提亮。

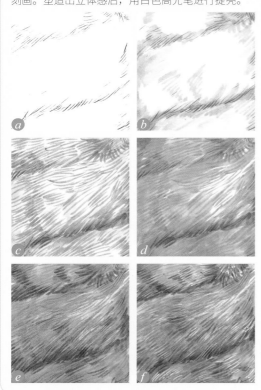

案例：横条纹裘皮大衣

本例绘制的是一件横条纹裘皮大衣。在绘制时，要以层层叠色的方式，塑造出裘皮的肌理。

01 用自动铅笔绘制出清晰的线稿。用成组的短线条绘制裘皮大衣的外轮廓，表达毛绒的质感。腰带是漆皮材质，质地较硬，线条要硬朗一些。

02 用马克笔绘制出面部皮肤的底色，然后加深皮肤的颜色，接着塑造五官，加深面部和颈部的阴影，塑造颈部的立体感。

皮肤：	阴影：
COPIC E41	COPIC E43
COPIC E40	COPIC BV31
COPIC BV31	唇部：
COPIC E00	COPIC E04
腮红：	COPIC R20
COPIC RV11	

03 绘制头发和墨镜，并塑造头发和墨镜的质感。用软头水彩笔勾勒发丝和眉毛，接着用白色高光笔刻画发丝、镜框和镜片的高光。

头发：	墨镜：
COPIC N3	COPIC BV31
COPIC W5	COPIC BV23
COPIC W7	软头水彩笔 深灰色
	樱花白色高光笔

04 绘制衣身的轮廓边缘和腰带的投影，然后绘制漆皮腰带的底色，并留出高光。

阴影：

COPIC C2

腰带：

COPIC E43　COPIC YG91

05 绘制裘皮大衣的暗部，用顿挫的笔触塑造毛绒的质感。用更细小的笔触绘制皮毛的质感。

COPIC C2　COPIC N1　COPIC BV23

06 用深灰色和灰黑色的马克笔绘制皮毛的条纹，并用顿挫的笔触表现。

COPIC C4

COPIC C6

07 用软头水彩笔的笔尖塑造黑色拼接的线条，然后用针管笔绘制衣身上细小的毛绒线条。

软头水彩笔深灰色

COPIC针管笔0.1mm暖灰色

软头水彩笔浅灰色

08 用软头马克笔的笔尖进行叠色，让大衣富有立体感。晕染漆皮的腰带，丰富腰带的色感。用小楷勾线笔加深拼接毛料的颜色，注意笔触要飘逸、柔软一些。

COPIC N1   COPIC N3

09 用白色高光笔绘制成组的高光线条，并注意线条的走向和组合的方式，然后绘制腰带的高光。用小楷笔整体勾勒黑色毛皮的尾端，以排短线的方式勾勒大衣的轮廓。整体要塑造出裘皮闪亮的光泽感和长毛皮面料拼接的层次感。

樱花白色高光笔

Tips 用白色高光笔绘制毛皮的高光时，注意线条的粗细、疏密和走向。例如，在绘制衣领处的高光时，线条由中间向四周散去；在绘制转折处的高光时，也要画出细小的线条，表达出毛皮的厚度。

67 闪金材质的表现技法

在时装面料中，有时会掺杂一些闪金的效果。掺杂了闪金效果的面料在阳光的照射下，会呈现出多种颜色。红色是非常鲜艳的色彩，在红色面料里加入闪金丝线，会让服装具有奢华、梦幻的效果。

绘画要点

绘制闪金面料时，要先用水彩颜料将面料的底色画出来，然后加入金粉。在叠色的过程中，运用金色油漆笔点缀面料的褶皱高光，以塑造出红色闪金的浪漫效果。

案例：红色闪金大V领晚礼服

本例绘制的是一件红色闪金大V领晚礼服。在配色时，要选用饱和度高的颜色，避免颜色干后出现发灰的情况；在上色时，要结合水彩的流动性来表现服装的飘逸感。

扫码观看视频

01 用自动铅笔画出人物和服饰的草稿，多以长直线进行概括。注意要描绘出胸前的大V领、腰部的蝴蝶结和左侧的手轻抚裙摆等特征。

03 用中号的水彩笔或毛笔绘制人物的皮肤。趁颜色未干时，塑造人物的立体感，然后在暗部混入冷色，表达出人物的明暗关系。

皮肤底色：

230那不勒斯黄红调

214无铅铬橘

221深亮黄

皮肤暗部：

230那不勒斯黄红调

479日光蔚蓝

661熟赭石

475日光松石绿

02 根据草稿绘制出清晰的线稿，然后用橡皮擦淡线稿，即能看到浅浅的线条即可。如果线条太重，则水彩的颜色会难以覆盖。

04 用水彩继续深入刻画人物的皮肤，加深面部的轮廓和人体的暗部。在绘制亮部的皮肤时，可将皮肤的高光留出来。

皮肤底色：

230那不勒斯
黄红调

349浅镉红

229那不勒斯黄

皮肤暗部：

230那不勒斯
黄红调

494细群青

661熟赭石

05 用水彩绘制头发的底色，塑造五官的妆容，晕染眼妆和唇色。用水彩勾勒鞋子的底色，将脚趾的轮廓凸显出来。

头发、瞳孔
和眉毛：

780象牙黑

661熟赭石

668熟褐

眼妆：

230那不勒斯
黄红调

494细群青

661熟赭石

655土黄

唇部：

353永固胭脂红

鞋子：

661熟赭石

780象牙黑

06 用中号的水彩笔蘸取适量的清水，将裙身打湿。在画面半干的情况下，晕染鲜艳的朱红色，继续混入明黄色和金粉，并将裙身的底色绘制出来。注意，在铺底色时，要塑造裙子的明暗关系。用笔尖甩出一些墨点，营造画面的氛围感。

363猩红　　220印度黄

07　用小号的水彩笔加深皮肤的暗面和头发的颜色。用深色勾勒出裙子上半身裙褶的暗部线条，注意线条要流畅、生动。接着加深右侧衣身的颜色。

皮肤：

230那不勒斯黄红调

494细群青

661熟赭石

655土黄

唇部：

668熟褐

353永固胭脂红

头发：

780象牙黑

661熟赭石

668熟褐

08　画出裙摆的褶皱线，在画线时要注意虚实关系的表达，然后塑造裙摆和裙身的层次感。用金色油漆笔勾勒耳环和脚部的饰品。

655土黄

363猩红

220印度黄

353永固胭脂红

金色油漆笔

09 深入刻画裙摆的褶皱。用笔尖绘制裙褶，增加裙褶的层次感，让颜色的过渡更自然。

363猩红　　661熟赫石　　224浅镉黄

10 用金色油漆笔刻画面料的闪金质感，画出褶皱的高光线条。用白色高光笔将鞋子、脚链和裙身的高光线画出来。用软头马克笔勾勒裙褶的线条。用水彩绘制人物在地面上的投影，在灰色的投影中混入一点红色的环境色，再用马克笔晕染裙身，以增加饱和度和层次感。最后用马克笔晕染人物的皮肤，让画面的细节更丰富、饱满。

金色油漆笔

樱花白色高光笔

MARVY R837

COPIC E41

68 珠光涂层材质的表现技法

　　珠光涂层面料是一种经过特殊工艺处理的面料，通过在面料的表面加一些珠光涂层，可以使面料具有珍珠般的光泽。这种面料具有树脂般的光滑感、纸质般的褶皱感，并混合着工业的气息，可将其用于大裙摆晚礼装的设计中，会让服装十分新颖、时尚。

绘画要点

　　在阳光下，珠光涂层面料的表面色彩会发生变化，颜色的饱和度会变低，上色时可以降低明度和饱和度。同时，珠光涂层面料的褶皱感强，要注意表现出褶皱的效果。在绘制时，要善于运用白色高光笔绘制高光，用勾线笔勾勒硬挺的面料边缘，这样可以使时装既朦胧梦幻，又刚毅帅气。

案例：珠光涂层大摆晚礼裙

本例绘制的是一条珠光涂层大摆晚礼裙。虽然本服装的颜色较单一，但在绘制的时候还是要描绘出颜色的层次感。在绘制褶皱时，下笔要果断，这样才能表现出珠光涂层面料的质感。

扫码观看视频

01 用自动铅笔绘制出人物和服饰的草稿，多以长直线进行概括。要注意描绘出立领、珠宝项链、衣兜、挽袖、腰带和A字形裙摆的细节。

02 根据草稿归纳出详细的线稿，整体的线条转折要锋利一些。详细绘制出画面的细节，例如人物的发丝、珠宝耳环和衣服的褶皱等。在描绘褶皱时，要注意衣褶的走向和褶皱的疏密，腰部有密集的褶皱。

03 用针管笔勾勒出详细的线稿，线条要流畅。外轮廓的线条可以画得重一些，褶皱线可以画得轻一些。勾勒好线条之后，用橡皮擦去铅笔线稿。

COPIC针管笔0.1mm暖灰色

04 用马克笔绘制人物皮肤的底色，然后塑造人物面部、颈部、胸部和手臂的立体感。

COPIC E00

COPIC E51

COPIC E31

05 用软头马克笔的笔尖勾勒头发的线条，然后勾勒眉毛、眼睛和唇部。在面颊晕染粉色，作为腮红。

头发：

COPIC E43

COPIC W5

COPIC E44

唇部：

COPIC E04

COPIC RV34

腮红：

COPIC RV21

06 用方头和软头的马克笔勾勒裙身的褶皱线条，顺着裙摆的走向进行绘制，线条要流畅、生动。在绘制时，用笔尖以挑笔和摆笔的方式绘制出粗细不同的线条。

COPIC W3

COPIC W5

07 继续丰富画面的褶皱细节，增加细致的褶皱线条。通过这些褶皱线条，塑造出画面的立体感。

COPIC W3

08 用方头马克笔大面积地绘制裙身的底色，叠加褶皱线，并留出裙子的部分高光。

COPIC YG91

09 用深色的马克笔晕染裙子的暗面，然后加深裙摆的颜色。刻画衣袖、兜盖、衣领和束腰的暗部，让细节更为突出。

COPIC W5

COPIC N3

10 用软头水彩笔勾勒出宝石的颜色，并加深宝石切面的颜色。用白色高光笔刻画宝石和耳坠的高光，再勾勒珠光涂层的高光，注意线条要细一些。在绘制衣兜边缘、衣领边缘和腰带绗缝线等细节的高光时，要贴合人体的轮廓进行勾勒。

软头水彩笔 粉色　　软头水彩笔 玫红色　　软头水彩笔 宝蓝色

软头水彩笔 水蓝色　　软头水彩笔 草绿色　　COPIC E41

樱花白色高光笔

11 用软头水彩笔绘制头发的线条，然后勾勒裙身的褶皱线，线条要自然、生动，虚实结合。用针管笔勾勒画面整体的轮廓线，让人物更协调，使服饰效果更突出。用马克笔加深裙身的部分暗面的颜色和裙底的投影，让裙子的黑白灰关系更分明。

软头水彩笔 深灰色

樱花针管笔0.1mm黑色

COPIC E44　　COPIC W7